无线接入安全技术

Security Technology of Wireless Access

李保罡 著

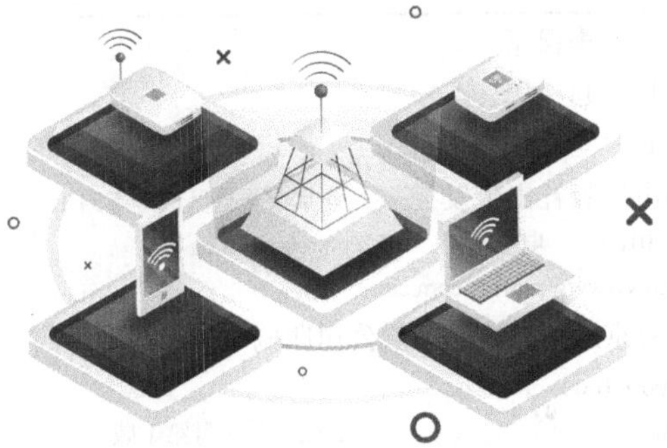

人 民 邮 电 出 版 社
北 京

图书在版编目（CIP）数据

无线接入安全技术 / 李保罡著. -- 北京 : 人民邮电出版社, 2022.12（2023.7 重印）
ISBN 978-7-115-59747-2

Ⅰ. ①无… Ⅱ. ①李… Ⅲ. ①无线接入技术－安全技术 Ⅳ. ①TN926

中国版本图书馆CIP数据核字(2022)第124365号

内 容 提 要

本书从无线接入的安全方面入手，重点从无线物理层安全和合法主动监听角度进行相关研究成果的阐述。首先对无线接入安全技术进行概述，然后分别对无线物理层安全和合法主动监听技术进行综述，包括技术发展研究思路、研究现状及未来展望等，最后从所在研究团队近些年的研究成果出发，分别对物理层安全和合法主动监听的部分具体场景进行阐述，为读者揭示无线接入安全技术的研究过程和最新研究成果。

本书可作为从事无线接入安全技术的科研人员和工程技术人员的参考书。

◆ 著　　　　李保罡
　责任编辑　赵　旭
　责任印制　马振武
◆ 人民邮电出版社出版发行　　北京市丰台区成寿寺路 11 号
　邮编　100164　　电子邮件　315@ptpress.com.cn
　网址　https://www.ptpress.com.cn
　北京七彩京通数码快印有限公司印刷
◆ 开本：700×1000　1/16
　印张：10　　　　　　2022 年 12 月第 1 版
　字数：196 千字　　　2023 年 7 月北京第 2 次印刷

定价：99.80 元

读者服务热线：(010)81055493　印装质量热线：(010)81055316
反盗版热线：(010)81055315

前言

工业互联网和能源互联网的大力推进，对无线传输和接入方式产生了很大依赖，传统的网络安全开始扩展到无线接入领域。目前，对无线接入安全的认知大多停留在网关安全，并没有对无线接入安全产生足够的重视，作为一个细分领域，大部分科研工作者对无线接入安全技术更是缺乏全面的认识和理解，对相关知识比较陌生。本书通过对无线接入安全技术进行系统性综述，阐述了其中存在的具体问题，预测了未来的发展趋势，从作者所在研究团队的实际科研角度出发，运用大量研究案例来帮助理解这些前沿的概念。同时，本书呈现的都是该领域最前沿的课题，从无线物理层安全和合法主动监听角度重新对无线接入安全技术进行梳理，帮助研究者快速建立学科知识体系，使其真正发挥学科引导作用。

作者在自身研究工作积累的基础上精心编写了本书，以期为有一定研究基础的本专业学者提供较系统的理论和技术参考。需要指出的是，由于物理层安全和合法主动监听是近几年才提出的研究理论，到目前为止还未形成系统的框架，本书作者不仅阐述了自己的研究成果和观点，还汲取了国内外研究界的部分研究成果，在书中已标注引文出处，如有疏漏未标注，还请谅解并指正。

全书分为 3 个部分，第一部分是第 1 章，为绪论；第二部分包括第 2～5 章，主要介绍物理层安全的一些基本概念和最新研究工作；第三部分包括第 6～10 章，主要介绍合法主动监听的相关研究进展。

本书的出版得到了国家自然科学基金项目（No.61971190，No.61501185）、河北省高等学校科学技术研究项目（No.ZD2021406）、北京市自然科学基金项目（No.4164101）、河北省自然科学基金项目（No.F2016502062）、中央高校基本科研业务费专项资金（No.2019MS089）、华北电力大学河北省电力物联网技术重点实验室等的资助。本书作者多年来一直从事无线通信的研究工作，先后在国内外重要学术刊物和国际会议上发表论文10余篇，提交国家发明专利近10项。

本书由华北电力大学电气与电子工程学院、河北省电力物联网技术重点实验室的李保罡教授组织编写并审校，参与本书研究工作和文字整理工作的还有研究生姚源斌、晏彬洋、董若南、段晓、李诗璐、武文静、司福强、杨亚欣、王宇、崔康佳和石泰等。

由于作者水平有限，加之时间仓促，书中难免存在疏漏之处，敬请广大读者批评指正。

作　者

2022年4月18日

目　录

第1章 绪论

1.1 无线接入安全技术背景

当前，5G 网络建设已步入飞速发展阶段，5G 能够支持增强型移动宽带、超可靠低时延通信以及大连接物联网等应用场景，除现有的移动互联网应用外，5G 的出现为增强现实（Augment Reality，AR）、虚拟现实（Virtual Reality，VR）、车联网、物联网等产业的发展提供了强有力的网络接入，为垂直行业的快速发展提供了基础信息平台，为万物互联打下了坚实基础。然而，5G 新的应用场景和关键技术在带来便利的同时，也引入了新的安全风险和安全挑战，如 5G 与垂直行业的结合，同样为 5G 带来新的安全需求[1-2]。

近几年来，随着越来越多的数据通过无线链路传输，在保证传输可靠性的同时，如何确保信息传输的安全成为一个极巨挑战的问题。保证传输数据的机密性，防止传输信息被破坏和验证通信的真实性是最重要的安全要求[3-4]。传统的数据传输的保密性是通过加密等基于计算的机制来保证的，这些方法所提供的安全性主要依赖于对加密函数难以反解的特征[5]。然而，随着计算能力的不断增强，加密可能不再能够防止信息泄露给计算能力很强的攻击者。此外，基于密钥的安全通信实现需要复杂的密钥分发和管理协议，这在分布式无线网络的情况下实施具有更大的挑战性[6]。可见，传统的基于计算的信息安全急需一种新的安全机制来补充。

与此同时，由于无线信道空中接口的开放性，社会上，不法分子存在利用无线设备进行犯罪的情况，例如，通过恶意攻击、数据伪造来窃取商业信息以及电信诈骗等。因此提升无线通信网络的安全至关重要，特别是当今社会人们的生活也与无线网络息息相关，例如，蜂窝网络和 Wi-Fi 的应用已经融入人们生活的方方面面，网上银行和在线支付等网络应用也逐渐普及。无线通信安全领域吸引了大批研究者加入，一方面，传统的无线通信安全研究通常假设正在通信的用户是合法的，研究旨在保证他们的私密性，从而免于被第三者恶意监听和干扰；另一方面，当正在通信的两端是非法用户时，其通信的内容需要被监听，正在传播有害信息的通信需要被截获并制止，因此政府授权的合法监听技术在信息安全领域也亟待研究。

1.2 无线接入安全相关技术

1.2.1 物理层安全技术

作为传统加密解决方案的替代或补充，物理层保护信息传输的基本思想是利用信道的内在随机性来实现保密。如图 1-1 所示，发送者需要发送的原始信息 x 经编码后形成发送信号 X，通过无线信道传输给合法接收者，合法接收者接收到的信号为 Y；同时，监听器通过监听信道进行监听，其接收到的信号为 Z。Wyner 已经证明，只要监听信道是合法通信信道的“恶化版本”，即监听信道的噪声大于合法通信信道的噪声，则合法通信的双方总能够通过信道编码实现大于零的保密传输速率，即无线通信系统可以实现无条件的通信安全，也就是“完美保密性”。所谓完美保密性，即合法接收者以可忽略的误差来对接收信号进行解码，而监听器则完全不能解码，即监听器通过其接收信号 Z 试图获取原始信息 x 的信息量为零。

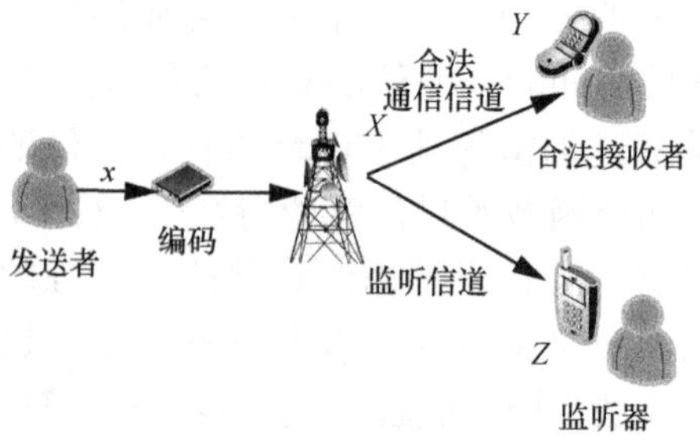

图 1-1　无线通信监听模型

与基于加密的方法不同，在采用物理层安全技术的方案中，对监听器的计算能力没有任何限制，在实现中不需要密钥分发和管理[7]。与密码学技术相比，采用物理层安全技术的优势有两个方面。首先，物理层安全技术不依赖于计算复杂度。因此，即使网络中的监听器（未经授权的智能设备）配备了功率计算设备，仍然可以实现安全可靠的通信[8-9]。相比之下，如果监听器有足够的计算能力来解决复杂的数学问题，基于加密的密码技术的安全性就会受到损害。在5G网络中，必须通过分级架构满足各种不同的业务需求，这意味着设备总是连接到具有不同功率和不同计算能力水平的节点。其次，5G网络的结构通常是分散的，这意味着设备可能在任何时刻随机接入或离开网络。在这种情况下，密钥的分发和管理变得非常具有挑战性[10]。而物理层安全技术可用于直接执行安全数据传输，或在5G网络中生成加密密钥的分发。因此，业界普遍认为，可以将物理层安全技术用作现有安全方案的额外保护，二者共同制定完善的安全解决方案，有效保障5G无线网络通信数据的机密性和私密性[11]。

考虑到更好地发挥5G无线通信物理层安全技术的潜力，创新的5G技术在物理层实现更高安全水平面临的机遇和挑战值得研究界更多关注。本节对无线网络物理层安全的相关典型技术进行简要介绍。

（1）基于信息论的物理层安全

基于信息论的物理层安全以信息论为切入点，根据具体的保密系统理论知识分析有关安全技术结构与应用性质方面的问题，进一步通过信息论定义保密系统。因此，保密系统可以被定义成将传送信息转化成另一组保密形式所需要的数字变换，而每一次数字变换都应借助一个密钥来进行加密[12-13]。

（2）人工噪声辅助安全

人工噪声辅助安全是指发送者在发送信号时能够同时发送人工噪声干扰信号，用于干扰监听器的信号，但是接收者与监听器不同，前者受噪声信号的影响相对较小，能够正常接收到信息，以此来增加保密容量[14]。

（3）波束成形技术

波束成形技术是指发送者将其特定方向的信息信号传输到合法接收者，使监听器（通常位于与合法接收者不同的方向）接收的信号被干扰从而变弱。因此，借助面向安全的波束成形技术增强保密能力，合法接收者接收信号强度需高于监听器接收信号强度[15]。

（4）物理层密钥生成技术

物理层密钥生成技术是指通过无线电传播的物理层特性（包括无线衰落的幅度和相位）来生成密钥。物理层密钥生成技术的研究可以追溯到20世纪90年代中期，证明了基于无线信道的信道状态信息（Channel State Information，CSI）生成密钥的可行性。在任意两个用户之间建立密钥时，基于无线信道的随机性密钥生成是公钥密码学一个很有前途的替代方案，目前已经被用于各种场景中[16]。

（5）物理层加密技术

物理层加密技术可以理解为在物理层能够实现的加密方案，也是对物理层安全的保障技术。物理层的加密需要密钥进行保护，同时，在通信系统中，数据会在物理层经过多个阶段进行传输，因此可以在多个阶段引入加密手段来对数据进行物理层加密[17-18]。

1.2.2 合法主动监听技术

在实际环境中，合法监听器需要在任何情况下都能成功监听可疑用户，因此被动监听技术不再满足合法监听的需求。一方面，手机支付、人脸识别以及网上银行等便捷服务的应用越来越广泛，与有线通信不同，无线移动通信系统传输介质的广播特点使其极易遭受非法用户或者恶意用户的攻击与监听，因此保障未来无线通信网络的安全与可靠成为网络建设的重点环节。另一方面，不法分子也可能会利用无线网络服务的便捷性进行恐怖袭击等，进而危害国家安全，因此对于政府部门来说，部署有效的合法监听策略是势在必行的[19-21]。为了详细地说明本书所做的工作，便于后续章节的分析，本节将简单介绍主动监听系统相关技术的基础理论知识，为后面章节开展具体研究内容做好铺垫。

（一）无线监听技术

无线监听的最直接方式（即传统的被动监听）中，合法监听器仅负责监听可疑用户的无线信道以解码其传输的消息。然而，这种方法非常受制于监听信道的信道状态，只有在从源节点到合法监听器的监听信道优于从源节点到目的节点的可疑信道的条件下，监听才有效，才可以在合法监听器处可靠地解码可疑源节点发送的信息。但是，一旦合法监听器到可疑目的节点的信道比可疑源节点到可疑目的节点的信道更差时，那么合法监听器将不能可靠地解码消息。为了克服这一局限性，无线监听技术迎来了主动监听方式，即合法监听器不再单纯被动监听，而是同时向可疑信道发送信号来影响信道的传输速率，以帮助合法监听器更好地实现监听。现有的主动监听技术分为两大类：第一类是基于认知干扰技术的主动监听，主要针对监听信道的信道状态劣于可疑信道的情况，通过发送干扰信息来诱导可疑源节点降低传输速率，以便合法监听器在不利情况下可以尽可能多地解码。另一类是基于欺骗中继的主动监听，是在第一类方案的基础上发展而来的，因为这种方式不仅考虑了监听信道条件劣于可疑信道的情况，还考虑到了监听信道条件本来就优于可疑信道条件的情况，从而更加智能有效。

（1）认知干扰技术

在基于认知干扰技术的主动监听方案中，合法监听器以全双工模式运行，并故意发送一种类似白噪声的干扰信号以干扰可疑信道，从而降低可达的数据传输速率，以便在信道状态不利的情况下尽可能多地实现有效监听。同时针对不同的应用和优化问题，设计不同的最优认知干扰解决方案。然而，考虑到干扰的功率预算有限，即使在最大功率干扰情况下，如果可疑信道容量高于监听信道的容量，则无法改善监听性能，因此需要设计更智能的策略以进行主动监听。

（2）欺骗中继技术

除了信息监听之外，合法监听器还同时作为中继器发送欺骗信号到可疑目的端，从而诱使可疑源端改变传输速率以提升监听性能，来实现基于目的端性能的信源速率自适应传输。在此设置下，一方面，如果监听信道的信道条件比可疑信道的信道条件更强，则合法监听器将通过转发建设性信号来提高可疑信道的传输速率，从而欺骗可疑源端使其给出更高的传输速率，鉴于此时监听信道的信道条件更强，完全有能力解码消息，因此也提高了监听率。另一方面，如果监听信道的信道条件比可疑信道的信道条件弱，则合法监听器通过将破坏性源信号和/或类似噪声的干扰信号转发到可疑目的端来降低可疑信道的信道有效性，从而欺骗可疑源端将其传输速率降低到监听器可解码的水平。因此，无论监听信道是否比可疑信道更强或更弱，基于欺骗中继技术的主动监听都是适用的。

（3）多监听器联合技术

实际应用中，单监听器往往不能成功监听或监听性能较差，因此需设置多监听器进行联合监听以提高监听性能。多监听器之间需设计合理的算法来相互配合，并根据可疑用户位置及环境确定各个监听器的工作模式。然而，多监听器往往会导致优化问题更加复杂难以求解，因此需要设计高效的算法来实现监听可疑用户信息最大化。

（二）协作中继技术

协作中继技术旨在把系统里的空闲节点组织起来，在多个节点之间进行信号分享，经多个单天线终端设备构造出虚拟的多天线阵列，从而能够受益于多输入多输出（Multiple-Input Multiple-Output，MIMO）的空间分集增益。研究结果表明，协作中继技术能够有效提升无线移动网络中的系统吞吐量、能量效率、网络覆盖范围以及链路可靠性等多方面性能指标，从而显著改善信息传输质量[22]。

（1）放大转发协议

放大转发协议须在两个时间间隔中实现无线传输的全部流程。在第一个时间间隔，发送端将要广播的信号发送给中继节点，假定发送端和接收端以及监听器之间有直传链路，那么接收端与监听器也可以同时接收到发送端的信息。在第二个时间间隔，协作的中继节点通过放大转发系数放大接收到的信息，并把放大的信息发送给接收端。

（2）解码转发协议

解码转发协议须在两个时间间隔中实现无线传输的全部流程。第一个时间间隔与放大转发协议相同，即发送端发送信息到协作的中继节点，同时接收端和监听器也可以接收到发送端的信息。在第二个时间间隔，中继对接收到的信息实行解码处理，中继节点在解码处理时削弱了信道噪声对发送信息的干扰，因此性能优于放大转发协议。

（3）协作干扰协议

协作的中继不向接收端转发信号，而是选择向目标用户发送额外的干扰信号，以最大限度地干扰监听器。中继须在一个时间间隔中实现无线传输的全部流程，即在发送端向接收端发送信号的同时，中继向监听器发送干扰信息来实现抑制监听性能的目的。

（三）全双工技术

协作中继系统存在两种双工技术，分别是半双工（Half Duplex，HD）技术和全双工（Full Duplex，FD）技术。其中 HD 的具体工作过程为通信节点在第一个时间间隔接收信息，在第二个时间间隔转发信息，接收与转发信息的过程是不能同时进行的。而 FD 通信节点在同一频率同一时隙接收并转发信息。与 FD 相比，HD 更容易实现和控制，且设备比较简单、成本较低，但对于发送相同的信息，HD 会比 FD 消耗更多的能量。FD 通信的接收天线与发送天线同时工作，能够节省时间和频谱。在使用自干扰消除技术之后，FD 相比于 HD 可获得更高的频谱利用率与吞吐量。FD 凭借其技术的显著成效，现在已是 5G 的关键技术之一。

（1）全双工中继

全双工中继因其在提升频谱利用率、增加网络吞吐量等方面成效显著而受到广泛的关注。FD 中继通信技术广泛应用于无线中继协作通信系统，在传统的 HD 中继协作通信系统中引入 FD 中继以提升系统的频谱利用率。5G 将 MIMO 与 FD 中继结合，以进一步达到无线传输系统频谱利用率大幅增加的目标。

（2）回路自干扰消除

长期以来，回路自干扰都是制约 FD 技术的最主要因素，当无线传输网络采用 FD 技术对信息进行传输时，其发送的信息会同时引起对接收信息的严重干扰。随着先进干扰消除（Interference Cancellation，IC）技术的发展，回路自干扰已经可以被抑制到噪声水平，这为处理上面提到的问题且促进 FD 技术的发展做出了关键贡献。当前的 IC 技术分成两种：模拟干扰消除（Analog Interference Cancellation，AIC）与数字干扰消除（Digital Interference Cancellation，DIC）。大多数 AIC 将干扰信息看作噪声，将其本身发射的信息从收到的信息里删除。DIC 则把信息转化成数学域符号，通过数学清除手段来消除干扰。

1.3 本书主要内容

根据作者所在研究团队近些年的科研成果，本书总结了无线网络物理层安全与合法主动监听两方面的最新研究成果，首先对无线网络物理层安全与合法主动监听两方面分别进行研究现状综述，然后结合相关的研究成果对不同系统中的物理层安全和不同的合法主动监听技术进行详细阐述，同时对相关研究方向进行一定的研究展望。

参考文献

[1] 黄开枝, 金梁, 钟州. 5G 物理层安全技术——以通信促安全[J]. 中兴通讯技术, 2019, 25(4): 7.

[2] 任品毅, 唐晓. 面向 5G 无线网络的物理层安全技术综述[J]. 北京邮电大学学报, 2018(5): 9.

[3] LIU Y, DENG Y S, ELKASHLAN M, et al. Analyzing grant-free access for URLLC service[J]. IEEE Journal on Selected Areas in Communications, 2020, 39(3): 741-755.

[4] DOWLING B, FISCHLIN M, GÜNTHER F, et al. A cryptographic analysis of the TLS 1.3 handshake protocol candidates[C]//Proceedings of the 22nd ACM SIGSAC Conference on Computer and Communications Security. New York: ACM Press, 2015: 1197-1210.

[5] QI Q, CHEN X M, ZHONG C J, et al. Physical layer security for massive access in cellular Internet of things[J]. Science China Information Sciences, 2020, 63(2): 121301.

[6] CHAUHAN P S, KUMAR S, SONI S K. On the physical layer security over Beaulieu-Xie fading channel[J]. AEU - International Journal of Electronics and Communications, 2020, 113: 152940.

[7] MAKARFI A U, RABIE K M, KAIWARTYA O, et al. Physical layer security in vehicular networks with reconfigurable intelligent surfaces[C]//Proceedings of 2020 IEEE 91st Vehicular Technology Conference (VTC2020-Spring). Piscataway: IEEE Press, 2020: 1-6.

[8] CHEN X M, NG D W K, GERSTACKER W H, et al. A survey on multiple-antenna techniques for physical layer security[J]. IEEE Communications Surveys & Tutorials, 2017, 19(2): 1027-1053.

[9] WANG X M, WANG J L, XU Y H, et al. Dynamic spectrum anti-jamming communications: challenges and opportunities[J]. IEEE Communications Magazine, 2020, 58(2): 79-85.

[10] MAZIN A, DAVASLIOGLU K, GITLIN R D. Secure key management for 5G physical layer security[C]//Proceedings of 2017 IEEE 18th Wireless and Microwave Technology Conference (WAMICON). Piscataway: IEEE Press, 2017: 1-5.

[11] PAN F, JIANG Y X, WEN H, et al. Physical layer security assisted 5G network security[C]//Proceedings of 2017 IEEE 86th Vehicular Technology Conference (VTC-Fall). Piscataway: IEEE Press, 2017: 1-5.

[12] CHEN J, LIANG Y C, PEI Y Y, et al. Intelligent reflecting surface: a programmable wireless environment for physical layer security[J]. IEEE Access, 2019, 7: 82599-82612.

[13] ZUO Z, FANG Y, LIU L, et al. Research on information security cost based on game-theory[C]//Proceedings of 2013 IEEE 8th Conference on Industrial Electronics and Applications (ICIEA). Piscataway: IEEE Press, 2013: 1435-1436.

[14] LI N, TAO X F, XU J. Artificial noise assisted communication in the multiuser downlink: optimal power allocation[J]. IEEE Communications Letters, 2015, 19(2): 295-298.

[15] HUANG C W, MO R H, YUEN C. Reconfigurable intelligent surface assisted multiuser MISO systems exploiting deep reinforcement learning[J]. IEEE Journal on Selected Areas in Communications, 2020, 38(8): 1839-1850.

[16] ZHANG L M, HAJOMER A, YANG X L, et al. Secure key generation and distribution using polarization dynamics in fiber[C]//Proceedings of 2020 22nd International Conference on Transparent Optical Networks (ICTON). Piscataway: IEEE Press, 2020: 1-4.

[17] LU X J, LEI J, LI W. A physical layer encryption algorithm based on length-compatible polar codes[C]//Proceedings of 2020 IEEE 92nd Vehicular Technology Conference (VTC2020-Fall). Piscataway: IEEE Press, 2020: 1-7.

[18] ANSARI O, AMIN M, AHMAD A. Analyzing physical layer security of antenna subset modulation as block encryption ciphers[J]. IEEE Access, 2019, 7: 185063-185075.

[19] XU J, DUAN L J, ZHANG R. Surveillance and intervention of infrastructure-free mobile communications: a new wireless security paradigm[J]. IEEE Wireless Communications, 2017, 24(4): 152-159.

[20] XU J, DUAN L J, ZHANG R. Fundamental rate limits of physical layer spoofing[J]. IEEE Wireless Communications Letters, 2017, 6(2): 154-157.

[21] XU J, DUAN L J, ZHANG R. Transmit optimization for symbol-level spoofing[C]//Proceedings of IEEE Transactions on Wireless Communications. Piscataway: IEEE Press, 2016: 41-55.

[22] MO Z J, SU W F, BATALAMA S, et al. Cooperative communication protocol designs based on optimum power and time allocation[J]. IEEE Transactions on Wireless Communications, 2014, 13(8): 4283-4296

第 2 章 物理层安全技术

与有线网络相比，无线网络具有更大的开放性和移动性，无线电传播的开放性使无处不在的无线通信成为可能，实现了数据的无缝传输。然而无线通信由于传输通道不稳定，更容易受到攻击者的威胁，未经授权的用户可能会对授权用户的数据安全构成威胁，这就产生了黑客攻击、恶意监听和干扰传输信息等安全漏洞。为了解决这些问题，研究者提出了基于物理层安全的安全防护技术，物理层安全技术是利用无线信道特征实现安全通信的技术。物理层安全作为高层加密系统的补充，从信道多样性入手，通过提取信道特征，利用信号处理、特征密钥提取等手段来降低监听器的监听效果，实现安全通信。本章对无线网络物理层安全的研究现状进行综述，对各种基本物理层安全实现技术进行介绍。

2.1 物理层安全技术介绍

目前，无线网络已广泛应用于多个领域，成为日常生活中不可缺少的部分。人们依赖无线网络传输重要的私人信息，如信用卡信息、能源定价、电子健康数据、命令和控制信息等。因此，安全是 5G 无线网络需要解决的关键问题[1]。目前的安全性依赖于位级加密技术和数据处理栈不同级别的相关协议，这些解决方案都存在一定缺陷，即公共无线网络中的标准化保护不够安全。即使存在增强的加密和身份验证协议，也会给公共网络上的用户带来过多约束和较高额外成本。因此，物理层安全作为一种新的安全方法，其基本思想是从信息论的角度出发，利用信道的内在随机性来实现保密，着重研究传播信道的保密能力[2-3]。一个典型的物理层安全网络由 3 个节点组成：一个发送者、一个合法接收者和一个监听器。在这种设置下，发送者在正常情况下向接收者发送机密信息，发送的信号不会被监听器以任何形式截获[4]。这里采用一般惯例，发送者被称为 Alice，而监听器和接收者分别被称为 Eve 和 Bob。物理层安全模型如图 2-1 所示。

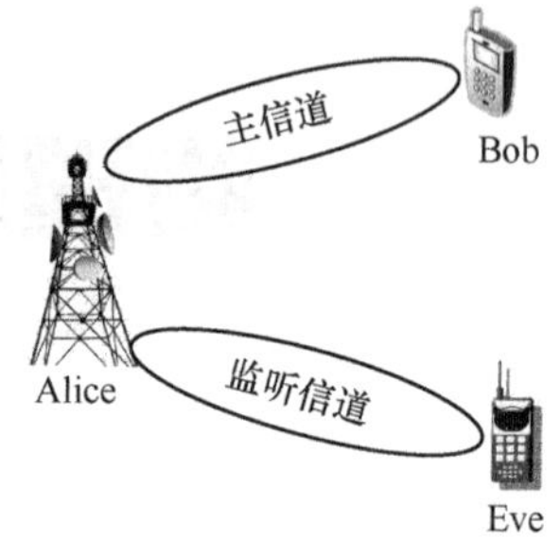

图 2-1　物理层安全模型

与密码学技术相比，5G 网络采用物理层安全技术的优势有两个方面。首先，物理层安全技术不依赖于计算复杂度，因此，即使 5G 网络中的监听器配备了功率计算设备，仍然可以实现安全可靠的通信。而相比于以往的基于密码学技术的安全手段，监听器如果有足够的计算能力来解决复杂的数学问题，那么网络的安全性将会受到损害。其次，5G 网络的结构通常是分布式的，这意味着设备可能在任何时刻随机接入或离开网络。在这种情况下，密钥的分发和管理变得非常具有挑战性。而物理层安全技术可用于直接执行安全数据传输，或在 5G 网络中负责加密密钥的分发。通过一定的管理和措施，可以将物理层安全用作现有安全方案的额外保护。双方将共同制定完善的安全解决方案，有效保障 5G 无线网络通信数据的机密性和私密性。

不同于密码学技术，物理层安全技术是基于 Wyner 提出的信息论安全的概念[5]。物理层安全技术通过对离散的无内存监听信道建模[6]，描述了在非指定用户存在的情况下两个授权用户之间的通信。与密码学技术相比，物理层安全技术可以无缝地防止意外用户拦截数据信号。通过使用合适的信令和信道编码[7]，利用无线信道的一些特性，使无密钥加密成为可能。物理层安全技术已被证明能够实现可验证的安全，即使网络入侵者有几乎无限的计算资源。尽管物理层安全技术有很多的好处，但值得注意的是，它也存在一些不足。文献[8]表明，由于物理层安全技术主要依赖于平均信息量，因此在概率为 1 的情况下几乎不可能保证最大的安全性。此外，大多数物理层安全方案假设预先知道监听器的监听信道，这在实际应用中是不可行的。另外，为了确保安全性，需要较高的数据速率，因此，在今后的无线通信系统中，仅使用物理层安全技术是很困难的。物理层安全技术可以与其他更高层次的安全技术相结合，以实现无线通信网络的安全性和稳健性。文献[9]提出跨层协作是实现无线通信可靠性和能源效率的可行解决方案。文献[10]也研究了一种利用合作分集实现可靠数据传输的跨层优化方案。目前，文献[11-13]已经对物理层安全相关技术进行了初步总结和探讨，本章将基于此进行更加细致的研究拓展和讨论。

2.2　物理层安全技术研究现状

目前，关于物理层安全技术的研究主要有 5 个方面，如图 2-2 所示。下面将对这 5 个方面分别进行介绍和讨论。

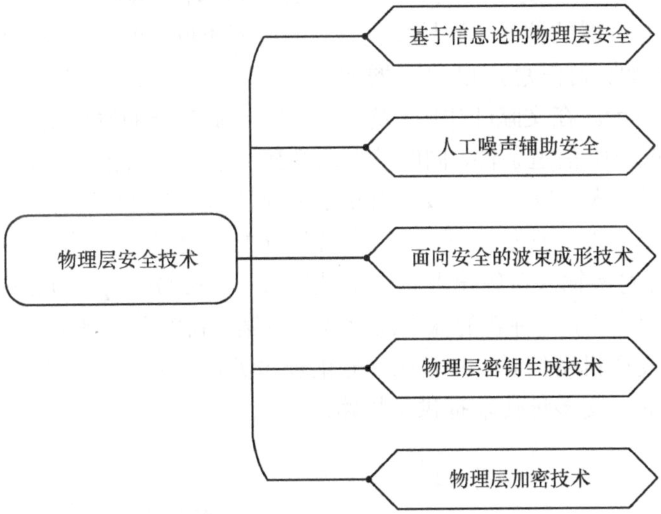

图 2-2　物理层安全技术

2.2.1　基于信息论的物理层安全

基于信息论的物理层安全以信息论为切入点，基于信息论中物理层安全技术的限制因素，根据具体的保密系统理论知识分析有关安全技术结构与应用性质方面的问题，进而基于信息论定义保密系统。信息论安全的概念是由 Shannon 开创的[14]，其中保密系统的基本理论是在强调数学结构和性质的基础上发展起来的。具体而言，Shannon 将保密系统定义为一组合法明文消息变换到另一组密码的数学变换。每个变换对应借助一个密钥来加密信息，因此 Shannon 开发的保密系统是基于密钥使用的。据此，相关研究人员开发出具体的保密系统，便于使用密钥加密。同时，Wyner 在不使用密钥的情况下研究了信息论的安全性[15]，并测试了由发送者、合法接收者和监听器组成的离散无记忆监听信道的性能限制。当主信道条件优于监听信道条件时，存在发送者和合法接收者可以可靠且安全地交换其信息的正速率。基于这个结论，文献[16]提出保密容量的概念，即主信道容量与监听信道容量之间存在差异，在完全保密的情况下实现信息从发送者到接收者的可靠传输。但是无线信道的时变衰落效应会导致保密容量的降低，这是因为衰落会减弱合法接收者接收到的信号，这会降低合法信道的容量，从而导致保密容量降低。

2.2.2 人工噪声辅助安全

人工噪声辅助安全是指发送者在发送正常信号时能够同时发送人工噪声干扰信号从而干扰监听器的信号，但是接收者与监听器不同，前者受噪声信号的影响较小，能够正常接收到信息，以此来增加保密容量。人工噪声辅助的物理层安全原理如图 2-3 所示。在文献[17]中，发送者分配一定部分的发射功率用于发射人工噪声，从而降低监听信道条件，同时从发送端到合法接收者的无线传输受人工噪声的影响较低。尽管人工噪声辅助安全性能够保证无线传输的保密性，但这是以浪费宝贵的发射功率资源为代价实现的，因为必须分配一定量的发射功率来生成人工噪声。文献[18]针对多输入单输出非正交多址接入（Non-Orthogonal Multiple Access，NOMA）系统，研究了一种新的保密波束成形方案，利用人工噪声保护两个 NOMA 辅助合法用户发送机密信息，并对保密分集顺序进行了分析，为进一步研究保密的多输入单输出非正交多址传输提供了思路。

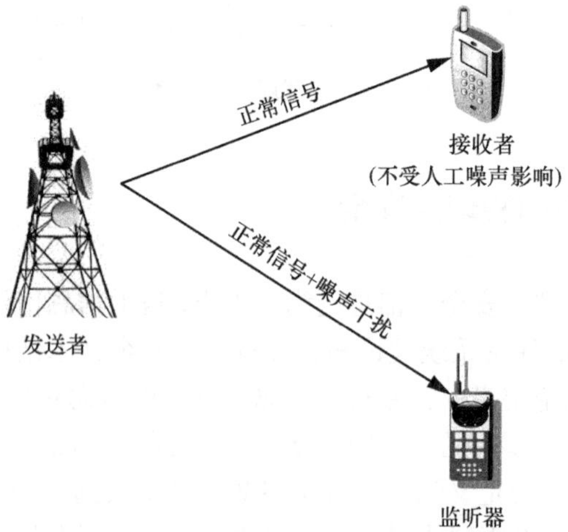

图 2-3 人工噪声辅助的物理层安全

2.2.3 面向安全的波束成形技术

面向安全的波束成形技术是指发送者将其特定方向的信息信号传输到合法接收者，使监听器（通常位于与合法接收者不同的方向）接收的信号被干扰从而变得非常弱。因此，借助面向安全的波束成形技术增强保密能力，合法接收者的接收信号强度需高于监听器的接收信号强度。文献[19]针对同步无线信息与功率传输系统，提出了一种信息与人工噪声波束成形矢量的联合设计方法。为了保证该系统的高安全性和能量采集性能，其将设计问题转化为能量传输速率约束下的保密率最大化问题。虽然保密率最大化问题是非凸的，但可以通过半定松弛和二维搜索来求解。此外，文献[20]提出了一种下行级联传输零强迫波束成形技术，保证基于 NOMA 的双单元多输入多输出通信的安全。采用干扰消除类迫零预编码技术对信号进行对准，也可以放宽对发射机的数量限制。在缺乏传统收发波束成形技术的情况下，该方法可以最大限度地提高基于 MIMO 的总保密率。

波束成形技术通过利用系统的空间自由度来降低监听器对信号的拦截性能，增强合法接收者的接收信号强度。波束成形的核心思想是通过调节各天线发射信号的相位，使信号在合法接收者的方向增强，在非法接收者的方向减弱，如图 2-4 所示。设发送天线数目为 N，波束成形矢量为 $\boldsymbol{w}$，$\boldsymbol{w}\in\mathbb{C}^{N\times 1}$，可以设计 $\boldsymbol{w}$ 位于监听信道系数 $\boldsymbol{g}^{\mathrm{H}}\in\mathbb{C}^{1\times N}$ 的零空间内，即 $\boldsymbol{g}^{\mathrm{H}}\boldsymbol{w}=\boldsymbol{0}$，避免信息被非目标节点接收。实际上，发送者很难得到监听器准确的信道状态信息，甚至完全未知信道状态信息。而信道状态信息不准确对 $\boldsymbol{w}$ 的设计也会产生很大影响。在信道状态信息未知时，通常将人工噪声技术和波束成形技术相结合，通过对人工噪声波束成形来干扰监听器，而不影响合法接收者的接收。

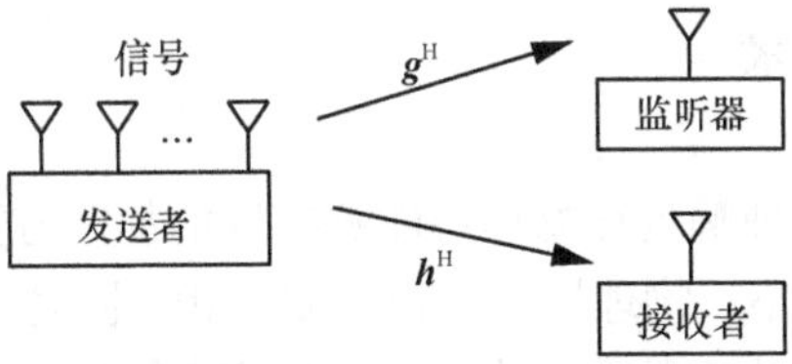

图 2-4 多天线波束成形

2.2.4 物理层密钥生成技术

物理层密钥生成技术通过无线电传播的物理层特性（包括无线衰落的幅度和相

位）来生成密钥。物理层密钥生成研究可以追溯到20世纪90年代中期[21-22]，证明了基于无线信道的信道状态信息生成密钥的可行性。在任意两个用户之间建立密钥时，基于无线信道的随机性生成密钥是公钥密码学一个更有前途的替代方案，目前，已经被用于各种环境中以及不同场景中。基于某一实际场景，文献[23]发现密钥容量是由信道测量的互相关决定的，可以通过仔细设计采样延迟、导频长度和信道质量来调整密钥容量。由于密钥协议生成过程中可能会泄露信息，密钥生成的效率及保密性会降低。文献[24]提出一种高效的密钥生成方案，该方案可以在面临上述挑战的情况下生成收发机共享密钥，通过隐私放大消除泄露信息，保证共享密钥的随机性。

密钥生成模型如图2-5所示。Alice、Bob和Eve具有联合概率分布为P_{XYZ}的共享随机源，三者对该随机源的观测量分别为X、Y和Z，且存在公共无噪声信道来进行信息协商，即Alice和Bob交互的信息Φ和Ψ也能被Eve监听。在此模型下，Maurer从信息论上推导了Eve被动监听时（即协商信道仅认证安全但交互信息不安全）的密钥生成速率上下界，并给出了相应的密钥协商协议。进一步地，Maurer详细阐明了非认证协商信道下的密钥生成问题，包括完备性结果、可模拟条件和隐私放大等，并由此发展出源型密钥生成的基本流程，即共享随机源获取、量化、信息协商和隐私放大，最终使Alice和Bob生成相同的安全密钥。

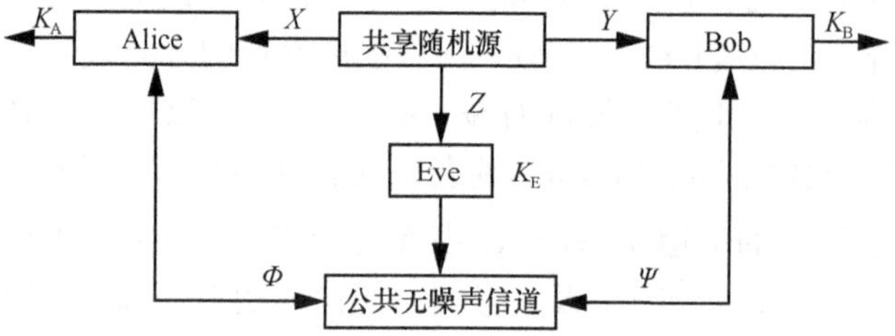

图2-5　密钥生成模型

2.2.5　物理层加密技术

物理层加密技术可以理解为在物理层能够实现的加密方案，也是一种对物理层安全的保障技术。一般情况下，物理层的加密需要密钥。同时，在通信系统中，数据会在物理层中经过多个不同的阶段进行传输，因此可以在多个阶段中引入加密手段来对数据进行物理层加密。此外，针对不同的物理层调制技术会使用不同的物理层加密技术方案。异或加密技术[25]是现阶段最直接的方案，可以有效地运用在硬件中。使用相移键控也可以进行相位的加密，保护整个数据包的安全。同时，在传统的认知中，编码与加密都为各自独立的模块，但是现阶段许多学者开始致力于如何将信道编码与密码结合起来，从而对信道编码进行加密，进一步提高传输的速率。

使用相移键控或正交幅度调制来进行相位加密[26-27]也是一种方案，并且在符号映射之后可以进行相位加密，星座符号不再是二进制值。为了创建更密集的加密星座，需要更多的密钥比特来生成旋转角度，这增加了密钥数据比特。可以有目的地将随机噪声添加到旋转的符号中，使监听器更难以解析密文。正交频分复用（Orthogonal Frequency Division Multiplexing，OFDM）技术将数据调制到多个正交子载波/频率上，可以显著提高数据速率，从而提供额外的域来保护数据[28]。文献[29]中的方案选择其相位大于阈值的子载波集，然后交织其符号的实部和虚部。文献[30]中的方法基于 CSI 选择子载波子集，然后根据其信道幅度的降序对这些子载波进行交织。虽然标准 OFDM 系统使用所有子载波进行数据传输，但也可以保留一些子载波来传输伪数据，即冗余信息，以进行混淆[31]。由于虚拟子载波的引入，前导码被加密，整个数据包都受到保护。此外，信道编码也可以进行加密，在传统的通信系统中，信道编码和加密被认为是独立的模块。采用复杂算法的上层加密系统难以满足如今高安全性和低时延的要求，为满足这一要求，通过物理层纠错与加密的联合设计，可以提供一个复杂度低、时延小的传输系统[32]。文献[33]提出一种基于代数编码理论的公钥加密模型，并将 Goppa 码作为纠错码，但是该方案需要较大的计算开销。受加密和纠错编码思想的启发，许多研究者从不同方面对编码加密进行研究，致力于将纠错码与密码学结合起来，以提高传输效率[34]。

物理层加密模型如图 2-6 所示。在实际通信中，Bob 首先向 Alice 发送未加密的请求信息，该请求信息同时包含用于信道估计的训练序列：Alice 接收请求，并根据接收到的训练序列估计它们之间的信道时域特征。根据互易定理，在信道慢衰落的情况下，可以认为 Alice 和 Bob 之间的收发信道相同。因此，Alice 可以根据估计到的信道时域特征对即将发送给 Bob 的信息进行加密，加密模块是根据 Alice 和 Bob 之间的信道特征设计的，加密后的信息经过 Alice 和 Bob 之间的信道后趋于稳定，因此 Bob 不需要知道 Alice 是如何加密的即可直接完成正常解密，获得通信内容；而 Eve 与 Bob 的信道特征不同，接收到的是一个随机变化的加密信号，无法正确解出 Alice 发送的信息。

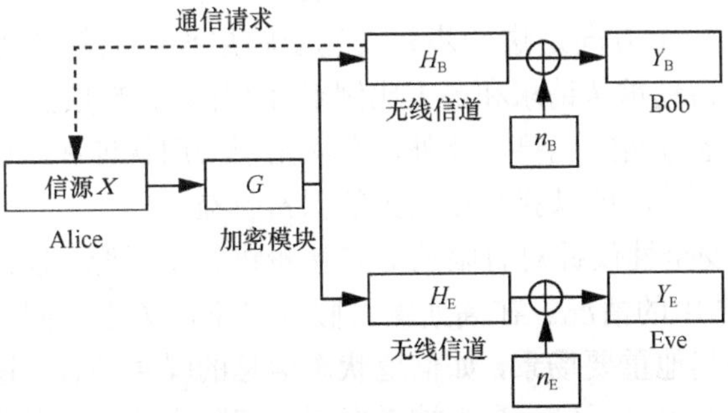

图 2-6　物理层加密模型

2.3 研究展望

目前，研究者已经对物理层安全性进行了多方面研究，也缩小了保密的信息论限制与实际可实现安全传输方案之间的差距。然而，这一领域仍需要面对许多重要的未决问题和未来挑战。

由于5G无线网络的移动性和可扩展性，基于共享密钥分发的传统安全密钥机制实现更具挑战。密钥生成技术是目前为数不多的可实现的物理层安全技术之一。然而，关于环境条件和信道参数对物理层密钥生成影响的深入研究仍然缺乏。此外，在密钥协商的情况下，大多数研究都考虑了被动监听的密钥生成方案，而主动监听的相关研究较少。

5G作为物联网的关键推动者，支持将大连接物联网（Massive Machine-Type Communication）设备连接到互联网平台。mMTC设备具有对数据速率要求高、数据流量周期性到达、硬件和信号处理复杂性有限、存储内存有限、外形紧凑和能量约束显著等特点[22]，而这些方面在现有研究中对物理层安全的关注相对有限。例如，在物理层安全设计中，仍然缺少一种理论上有充分依据的方法来精确地描述复杂性和能量约束。此外，物联网中由mMTC设备组成的网络需要对包含大量上下行接收器的单点对多点通信系统和多点对多点通信系统的保密指标进行重新定义。此外，mMTC设备的通信信道可能具有与传统的宽带微波系统的瑞利（Rayleigh）和莱斯（Rician）多径信道模型截然不同的传播特性[35]，如何在这些通道上安全地传输数据仍然是开放性问题。

在人工噪声方面，虽然大多数人工噪声注入策略依赖于通过在主信道的零空间中对准高斯分布噪声或者通过优化其协方差矩阵来传输高斯分布噪声，但是这种人工噪声注入策略不一定是最优的。例如，文献[36]已经表明，具有二进制输入的高斯通道的最坏情况下，噪声具有离散分布。这促使人们通过寻找干扰分布，而不仅是优化高斯分布信号的协方差矩阵，来最大化保密率。

未来工作的另一个方向是进一步开发基于跨层设计的解决方案。例如，Tang等[37]通过联合利用自动重传请求和最大比例组合（作为物理层操作），证明了跨层协议交互在可实现保密方面的优势。此外，在应用层采用认证和水印策略，在物理层采用编码和信号处理[34]，可以获得相当大的保密收益。

目前，物理层安全性仅针对有限的CSI场景进行了研究，包括发送者处具有完美CSI和不完美CSI的情况。在高斯输入假设[38]下，关于不同节点的信道状态信息不确定性的一些其他重要场景，如信道状态信息的噪声估计、过时的信道状态信息或有限的信道状态信息反馈，尚未被考虑用于有限字长输入的情况。在有限字长输入的情况下，量化在这些不同的不完美 CSI 场景下保密率的损失将是值得探讨的，并且具有重要的实用价值。设计实用的物理层安全编码方案也需要考虑，虽然安全差距被提出并用作一种替代的实际度量，但最被广泛接受的度量依赖于信息论，在高斯信道上计算有限字长的度量仍是一个非常具有挑战性的问题。

参考文献

[1] SEKANDER S, TABASSUM H, HOSSAIN E. Multi-tier drone architecture for 5G/B5G cellular networks: challenges, trends, and prospects[J]. IEEE Communications Magazine, 2018, 56(3): 96-103.

[2] DONG L, HAN Z, PETROPULU A P, et al. Improving wireless physical layer security via cooperating relays[J]. IEEE Transactions on Signal Processing, 2010, 58(3): 1875-1888.

[3] MUKHERJEE A, FAKOORIAN S A A, HUANG J, et al. Principles of physical layer security in multiuser wireless networks: a survey[J]. IEEE Communications Surveys & Tutorials, 2014, 16(3): 1550-1573.

[4] KIM D, LEE H, HONG D. A survey of in-band full-duplex transmission: from the perspective of PHY and MAC layers[J]. IEEE Communications Surveys & Tutorials, 2015, 17(4): 2017-2046.

[5] WYNER A D. The wire-tap channel[J]. Bell System Technical Journal, 1975, 54(8): 1355-1387.

[6] LI J. A critical review of physical layer security in wireless networking[D]. London: University College London (University of London), 2015.

[7] WANG L. Physical layer security in wireless cooperative networks[M]. Berlin: Springer, 2018.

[8] BLOCH M, BARROS J. Physical-layer security: from information theory to security engineering[M]. Cambridge: Cambridge University Press, 2011.

[9] ROHOKALE V M, PRASAD N R, PRASAD R. Cooperative wireless communications and physical layer security: state-of-the-art[J]. Journal of Cyber Security and Mobility, 2012, 1(2/3): 226-249.

[10] CHEN Y R, YANG Y, YI W D. A cross-layer strategy for cooperative diversity in wireless sensor networks[J]. Journal of Electronics (China), 2012, 29(1): 33-38.

[11] 任品毅, 唐晓. 面向 5G 的物理层安全技术综述[J]. 北京邮电大学学报, 2018, 41(5): 69-77.

[12] 雷菁, 李为, 鲁信金. 5G 通信背景下物理层安全技术研究[J]. 无线电通信技术, 2020, 46(2): 150-158.

[13] WU Y P, KHISTI A, XIAO C S, et al. A survey of physical layer security techniques for 5G wireless networks and challenges ahead[J]. IEEE Journal on Selected Areas in Communications, 2018, 36(4): 679-695.

[14] SHANNON C E. Communication theory of secrecy systems[J]. Bell System Technical Journal, 1949, 28(4): 656-715.

[15] OZAROW L H, WYNER A D. Wire-tap channel II[J]. AT&T Bell Laboratories Technical Journal, 1984, 63(10): 2135-2157.

[16] GOEL S, NEGI R. Guaranteeing secrecy using artificial noise[J]. IEEE Transactions on Wireless Communications, 2008, 7(6): 2180-2189.

[17] ROMERO-ZURITA N, GHOGHO M, MCLERNON D. Outage probability based power distribution between data and artificial noise for physical layer security[J]. IEEE Signal Processing Letters, 2012, 19(2): 71-74.

[18] LI Y Q, JIANG M, ZHANG Q, et al. Secure beamforming in downlink MISO nonorthogonal multiple access systems[J]. IEEE Transactions on Vehicular Technology, 2017, 66(8): 7563-7567.

[19] DONG Y J, SHAFIE A E, HOSSAIN M J, et al. Secure beamforming in full-duplex SWIPT systems with loopback self-interference cancellation[C]//Proceedings of 2018 IEEE International Conference on Communications (ICC). Piscataway: IEEE Press, 2018: 1-6.

[20] XU S, HAN S, DU Y N, et al. AN-aided secure beamforming design for correlated MISO wiretap channels[J]. IEEE Communications Letters, 2019, 23(4): 628-631.

[21] ZHAN F R, YAO N M, GAO Z G, et al. Efficient key generation leveraging wireless channel reciprocity for MANETs[J]. Journal of Network and Computer Applications, 2018, 103: 18-28.

[22] TAHMASBI M, BLOCH M R. Covert secret key generation with an active warden[J]. IEEE Transactions on Information Forensics and Security, 2020, 15: 1026-1039.

[23] GOPALAKRISHNAN T, RAMAKRISHNAN S. Chaotic image encryption with hash keying as key generator[J]. IETE Journal of Research, 2017, 63(2): 172-187.

[24] BABY H T, SUJATHA B R. Chaos based combined multiple recursive KEY generator for crypto-systems[C]//Proceedings of 2016 2nd International Conference on Applied and Theoretical Computing and Communication Technology (iCATccT). Piscataway: IEEE Press, 2016: 411-415.

[25] HUO F, GONG G. XOR encryption versus phase encryption, an in-depth analysis[J]. IEEE Transactions on Electromagnetic Compatibility, 2015, 57(4): 903-911.

[26] WU Y P, KHISTI A, XIAO C S, et al. A survey of physical layer security techniques for 5G wireless networks and challenges ahead[J]. IEEE Journal on Selected Areas in Communications, 2018, 36(4): 679-695.

[27] CHEN D J, ZHANG N, LU R X, et al. An LDPC code based physical layer message authentication scheme with prefect security[J]. IEEE Journal on Selected Areas in Communications, 2018, 36(4): 748-761.

[28] QI Q, CHEN X M, ZHONG C J, et al. Physical layer security for massive access in cellular Internet of things[J]. Science China Information Sciences, 2020, 63(2): 121301.

[29] REŞAT M A, KARAKOÇ M C, ÖZYURT S. Enhancement of physical layer security in Alamouti OFDM systems over Nakagami-m fading channels[C]//Proceedings of 2020 28th Signal Processing and Communications Applications Conference (SIU). Piscataway: IEEE Press, 2020: 1-4.

[30] ÇATAK E, ATA L D, MANTAR H A. Enhanced physical layer security by OFDM signal transmission in fractional Fourier domains[C]//Proceedings of 2015 23nd Signal Processing and Communications Applications Conference (SIU). Piscataway: IEEE Press, 2015: 1881-1884.

[31] XIONG J, WANG Z. Physical layer security OFDM communication using phased array anten-

na[C]//Proceedings of 2016 IEEE/CIC International Conference on Communications in China (ICCC). Piscataway: IEEE Press, 2016: 1-4.

[32] LI X Q, LI W, LEI J, et al. A novel physical layer error correction and encryption method based on chaotic sequence[C]//Proceedings of 2017 IEEE 17th International Conference on Communication Technology (ICCT). Piscataway: IEEE Press, 2017: 54-58.

[33] YAN B, YOU L. A novel public key encryption model based on transformed biometrics[C]//Proceedings of 2017 IEEE Conference on Dependable and Secure Computing. Piscataway: IEEE Press, 2017: 424-428.

[34] ALBASHIER M A M, ABDAZIZ A, GHANI H A. Performance analysis of physical layer security over different t-error correcting codes[C]//Proceedings of 2017 IEEE Region 10 Conference. Piscataway: IEEE Press, 2017: 875-878.

[35] SÁNCHEZ J D V, URQUIZA-AGUIAR L, PAREDES M C P, et al. Survey on physical layer security for 5G wireless networks[J]. Annals of Telecommunications, 2021, 76(3): 155-174.

[36] MANNES E, MAZIERO C. Naming content on the network layer: a security analysis of the information-centric network model[J]. ACM Computing Surveys, 2019, 52(3): 44.

[37] TANG J, SONG H H, PAN F, et al. A MIMO cross-layer precoding security communication system[C]//Proceedings of 2014 IEEE Conference on Communications and Network Security. Piscataway: IEEE Press, 2014: 500-501.

[38] LIU Y, DENG Y S, ELKASHLAN M, et al. Analyzing grant-free access for URLLC service[J]. IEEE Journal on Selected Areas in Communications, 2020, 39(3): 741-755.

第 3 章 MEC 系统中的物理层安全

3.1 MEC 系统物理层安全简介

随着无线通信的迅猛发展，针对 6G 的研究在世界各地都已经展开[1]，目前，5G 面临着爆炸式数据流量增长与海量设备连接并存的新挑战。与此同时，5G 网络新增的业务场景，如无人驾驶汽车、智能电网、工业通信等，对时延、能效、设备连接数和可靠度等指标也提出了更高的要求。为了应对移动互联网及物联网的高速发展，5G 需满足超低时延、超低功耗、超高可靠、超高密度连接的新型业务需求[2]。然而出于生产成本等原因，移动设备所配备的电池容量与处理器的性能往往是受到限制的，且移动设备的计算能力十分有限，这使其难以依靠自身有效支持计算密集型和时延敏感型应用的运行[3]。

传统云计算允许移动设备将自身的计算任务部分卸载或完全卸载到位于核心网之外的云端服务器进行处理，解决移动设备自身计算资源受限的问题，从而有效降低计算任务本地处理能耗。然而，将计算任务卸载到位于核心网之外的云端服务器需要消耗大量的回传链路资源，产生额外的时延开销，这使云计算难以满足 5G 场景下高可靠、低时延的性能需求。在此背景下，移动边缘计算（Mobile Edge Computing，MEC）技术应运而生。

移动边缘计算由欧洲电信标准协会于 2014 年率先提出，被认为是一种可以有效提升移动设备计算能力和效率的技术[4]。移动边缘计算通过在基站或者位于网络边缘的接入点部署 MEC 服务器，大大缩短了服务器与移动设备之间的距离，使移动设备可以将自身难以处理的繁重计算任务不需要经过回传链路直接卸载到 MEC 服务器处进行高效的远程处理，大大降低了计算任务卸载传输时间和无线传输所耗能量。MEC 既满足了移动设备计算能力的扩展需求，又有效弥补了传统云计算时延较长的缺点，使移动设备可以摆脱任务处理能力和自身能量的限制，运行计算密集型和时延敏感型应用，迅速成为了实现 5G 业务超低时延、超高可靠性技术指标的关键技术[5-8]。

尽管 MEC 技术具有多方面优势，但计算任务的无线卸载传输过程给移动设备带来了数据安全问题。由于无线通信的广播特性和无线信道固有的随机特性，移动设备卸载的计算任务极有可能被附近的非法监听器所窃取[9]，而这些计算任务中往往包含用户的关键敏感数据，被不法分子利用可能会造成难以估量的损失，因此，对于 MEC 的大规模部署应用，保证计算任务在无线卸载传输过程中不受非法监听器的攻击是至关重要的[10-11]。

现有的保障无线通信数据安全的主流方法有两种，一种是通过信息加密手段，另一种是利用物理层安全技术。现行的主流无线通信数据安全系统主要移植于有线传输系统，通常依靠密码和认证技术，在开放系统互联七层协议中的上层来解决数据的安全问题，其中用于进行信息加密的密码技术是实现无线通信安全的重要手段之一[12]。传统的加密机制是在通信协议栈的高层采用经典的密码体制，通过一些特定的密码本对需要传输的信息流进行加密、解密。然而这些研究都是建立在物理层已提供了无差错信道信息的假设下进行的，在实际的应用场景中，由于无线信道的复杂特性和难以预测的传输情况，这种假设往往难以成立。因此，无线通信系统中物理层安全技术的研究正逐步受到相关学者的重视，并成为相关研究热点之一[13]。

与信息加密不同，物理层安全技术以信息论为出发点，通过充分利用无线通信中信号本身的格式和无线信道的物理特征，提升物理层各组成部分的内在安全性，使非法监听器获取的有效信息量趋近于零，从信息论意义上确保监听器无法获取信源信息，基于此实现信息无线传输安全[14]。物理层安全技术既可依赖物理层特性从信息论的角度实现保密通信，也可结合加密技术对物理层传输信息的特定格式进行加密。

无线通信物理层安全技术具有广阔的应用前景与研究空间。一方面，无线通信系统的物理层传输技术正在持续快速发展，信道编码技术的革新[15]、多载波技术的工程可实现化、协同中继技术和多天线技术的发展[16-17]以及 MIMO 等前沿技术的出现，都在不同阶段引领了无线通信技术的研究热潮，并极大地丰富了无线通信中的物理层资源。

另一方面，结合未来无线通信的发展趋势，传统的通信模式必然会向着物联网的模式转变，而在将来的 MEC 实际系统中，分布式无线物联网数据处理将会是一个常见的应用场景，其中低成本、低复杂度的单一功能节点将占据重要位置。此类节点的上层结构被极大地简化，传统的信息加密型安全机制难以在这些节点上进行沿用。在此类 MEC 无线通信系统中，物理层安全机制的使用几乎是不可避免的。

综上所述，本章介绍采用物理层安全手段保障 MEC 系统中计算任务的安全卸载，并在此基础上对系统性能进行优化，具备较强的理论可行性和实际应用意义。

3.2 多用户 MEC 系统的物理层安全

3.2.1 系统模型

如图 3-1 所示，本节考虑处于监听环境下的多用户移动边缘计算系统模型，系统由一个有 MEC 服务器附着的混合接入点（Hybrid Access Point，HAP）、K 个用户以及一个被动非法监听器所组成，系统中所有节点都只配备了单天线。考虑部分卸载的计算任务卸载模型，计算任务的输入比特彼此独立且可被任意划分，用户可将自身计算任务划分为两部分，一部分在本地进行计算处理，另一部分安全卸载到位于 HAP 的 MEC 服务器进行处理，本地计算与卸载处理可同时进行。此外，为了节省频谱资源，假设所有用户进行卸载处理时在同一频带内工作，且 K 个用户采取 OFDM 的方式进行工作，信道被划分为 K 个子信道，且每个用户所占子信道彼此之间相互正交。考虑准静态的子信道模型，每个子信道在一个固定时隙中的信道状态信息保持不变。

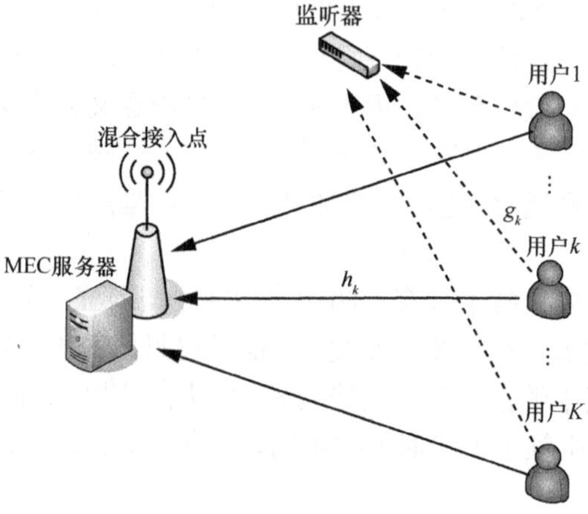

图 3-1 多用户 MEC 系统模型

令 h_k 与 g_k 分别表示用户 k 到 HAP 的信道系数与用户 k 到监听器的信道系数，本节设定 HAP 完全知晓 h_k 与各用户的计算任务信息，但仅知道 g_k 的部分信息，采取一些有关物理层安全的文献所采用的处理方法，本节采取信道状态信息不确定模型来对 g_k 进行处理。令 $g_k = \tilde{g}_k + \Delta g_k$，$\tilde{g}_k$ 表示 MEC 服务器对用户 k 到监听器的预估信道系数，Δg_k 表示被一个非负值 $\varepsilon > 0$ 所限制的预估误差，即 $|\Delta g_k| < \varepsilon$。$g_k$ 表示 MEC 所知晓的监听信道的最大可能信道增益。用户 k 的主信道系数与监听信道系数可以表示为

$$h_k = d_{\mathrm{HAP},k}^{-\delta} y_k \tag{3-1}$$

$$\tilde{g}_k = d_{\mathrm{E},k}^{-\delta} y_k \tag{3-2}$$

其中，$d_{\mathrm{HAP},k}$ 表示用户 k 到 HAP 的距离，$d_{\mathrm{E},k}$ 表示用户 k 到监听器的距离，δ 表示路径损耗指数，y_k 表示高斯衰落信道增益。假设所有的信道系数均服从复高斯分布，则对应的主信道及监听信道的信道增益分别为 $|h_k|^2$ 和 $|g_k|^2$。此外，设定 $d_{\mathrm{HAP},k} < d_{\mathrm{E},k}$ 总是成立的。在该系统中，HAP 被设计为完全知晓各用户主信道的信道状态信息，知道有关监听信道的预估信道系数及预估误差，且可通过反馈知晓各用户卸载计算任务的有关信息，HAP 负责系统的中心调度控制。

（1）本地计算模型

对于用户 k 在本地进行计算的任务，令 C_k 表示计算 1 bit 数据量的原始任务所需要的 CPU 周期数，$f_k < f_k^{\max}$ 表示用户 k 的 CPU 频率，那么用户 k 本地任务计算速度可以表示为

$$r_k^{\mathrm{loc}} = \frac{f_k}{C_k} \tag{3-3}$$

本地计算模式的能效可以表示为一个关于用户 k 的 CPU 频率 f_k 的函数，能效的表达式为

$$E_k^{\mathrm{loc}} = \varepsilon_k f_k^3 \tag{3-4}$$

其中，ε_k 表示用户 k 的计算能效系数，其数值取决于用户 k 移动设备的芯片结构。

（2）计算任务安全卸载模型

除了本地计算外，用户可以将计算任务部分卸载到位于 HAP 的 MEC 服务器处进行计算。令 $n \sim \mathrm{CN}(0, \sigma^2)$ 表示在 HAP 和监听器的高斯白噪声，p_k 表示用户 k 进行计算任务卸载时的发射功率，则用户 k 的主信道和监听信道的信噪比（Signal to Noise Ratio，SNR）可以分别表示为 $\gamma_{\mathrm{B}} = \dfrac{p_k |h_k|^2}{\sigma^2}$ 和 $\gamma_{\mathrm{E}} = \dfrac{p_k |g_k|^2}{\sigma^2}$，主信道和监听信道的可达速率分别为

$$C_{\mathrm{B},k}=\omega \mathrm{lb}\left(1+\frac{p_k\left|h_k\right|^2}{\sigma^2}\right) \tag{3-5}$$

$$C_{\mathrm{E},k}=\omega \mathrm{lb}\left(1+\frac{p_k\left|g_k\right|^2}{\sigma^2}\right) \tag{3-6}$$

其中，$\omega=\frac{W}{K}$，W表示系统的总带宽，ω表示用户所占子信道的带宽。

物理层安全的关键在于以一个监听器无法解码任何信息的最大传输速率去传输机密信息，为了在保证计算任务安全卸载的前提下最大化计算能效，将可达保密速率作为用户计算任务的卸载速率以进行计算任务安全卸载，基于式（3-5）与式（3-6），用户 k 的可达保密速率可以表示为

$$C_S=\left[C_{\mathrm{B},k}-C_{\mathrm{E},k}\right]^+ \tag{3-7}$$

其中，$[x]^+=\max(x,0)$。

计算任务安全卸载模型的能耗可以表示为

$$E_k^{\mathrm{off}}=\xi(p_k+p_r) \tag{3-8}$$

其中，ξ表示功率放大器的系数，p_k表示用户 k 的发射功率，p_r表示电路恒定功耗。

基于上述设定，处于监听环境下的多用户 MEC 系统的计算能效可以被定义为总安全计算速度与对应能耗的商，其可以表示为

$$\eta=\frac{\sum_{k=1}^{K}\left(\omega\left[\mathrm{lb}\left(1+\frac{p_k\left|h_k\right|^2}{\sigma^2}\right)-\mathrm{lb}\left(1+\frac{p_k\left|g_k\right|^2}{\sigma^2}\right)\right]^+ +\frac{f_k}{C_k}\right)}{\sum_{k=1}^{K}\left(\xi(p_k+p_r)+\varepsilon_k f_k^3\right)} \tag{3-9}$$

3.2.2 安全计算能效最大化

本节通过分析建立了处于监听环境下的多用户 MEC 系统的安全计算能效最大化优化问题，并通过分析转化，利用凸逼近的思想提出次优算法对其进行求解。

（1）问题形成

为了使系统的安全计算能效最大化，本节形成了如下优化问题

$$(\text{P3-1}):\ \max_{f,p}\ \eta$$

$$\text{s.t.}\ \ \omega\left[\mathrm{lb}\left(1+\frac{p_k\left|h_k\right|^2}{\sigma^2}\right)-\mathrm{lb}\left(1+\frac{p_k\left|g_k\right|^2}{\sigma^2}\right)\right]^+ +\frac{f_k}{C_k}>R_k^{\min},\ \forall k \tag{3-10}$$

$$\xi(p_k + p_r) + \varepsilon_k f_k^3 \leqslant P_k^{\max}, \ \forall k \tag{3-11}$$

$$0 \leqslant f_k \leqslant f_k^{\max}, \ \forall k \tag{3-12}$$

$$0 \leqslant p_k, \ \forall k \tag{3-13}$$

其中，$R_k^{\min}$ 表示用户 k 的最低计算速率需求，$P_k^{\max}$ 表示用户 k 的最大能耗，$f_k^{\max}$ 表示用户 k 的 CPU 最大计算频率。优化问题（P3-1）通过优化每个用户的本地 CPU 计算频率与卸载计算任务发射功率来达到最大化安全计算能效的目的。为了对表达式进行简化，使表述更清晰，令 $\boldsymbol{f} = (f_1, f_1, \cdots, f_K)^{\mathrm{T}}$，$\boldsymbol{p} = (p_1, p_1, \cdots, p_K)^{\mathrm{T}}$。式（3-10）表示用户 k 的总任务计算速率必须满足其最低需求限制。式（3-11）表示用户 k 本地计算与卸载处理的总能耗不能超过其最大能耗限制。式（3-12）表示用户 k 的 CPU 计算频率不能超过其最大限制。式（3-13）限制每一个用户的发射功率都必须为非负数。

观察优化问题（P3-1）可以发现，由于下述两个原因，该问题的最优解是很难被求得的：由于运算符 $[x]^+$ 的存在，该优化问题的目标函数是一个非光滑的函数；除去运算符的存在，目标函数关于 $\boldsymbol{f}$ 与 $\boldsymbol{p}$ 不是联合凹的，要求解该非凸非光滑优化问题，需要进行问题转化。

（2）问题转化及求解

为了解决原优化问题目标函数的非光滑性，本节提出定理 3-1。

定理 3-1　优化问题（P3-1）可以被重新建立为

$$(\text{P3-2}): \max_{\boldsymbol{f},\boldsymbol{p}} \ \tilde{\eta} = \frac{\sum_{k=1}^{K}\left(\omega\left[\mathrm{lb}\left(1+\frac{p_k|h_k|^2}{\sigma^2}\right)-\mathrm{lb}\left(1+\frac{p_k|g_k|^2}{\sigma^2}\right)\right]+\frac{f_k}{C_k}\right)}{\sum_{k=1}^{K}\left(\xi(p_k+p_r)+\varepsilon_k f_k^3\right)}$$

$$\text{s.t.} \quad \omega\left(\mathrm{lb}\left(1+\frac{p_k|h_k|^2}{\sigma^2}\right)-\mathrm{lb}\left(1+\frac{p_k|g_k|^2}{\sigma^2}\right)\right)+\frac{f_k}{C_k} > R_k^{\min}, \ \forall k \tag{3-14}$$

证明　将优化问题（P3-1）与优化问题（P3-2）的最优解分别设为 $\boldsymbol{W}_1^*$ 与 $\boldsymbol{W}_2^*$，由于在所建立的模型中设定用户到 HAP 的距离总是小于用户到监听器的距离，因此 $[x]^+ \geqslant x$ 总是成立的，也就是说 $\boldsymbol{W}_1^* \geqslant \boldsymbol{W}_2^*$ 同样成立。此外，将优化问题（P3-1）的最优解表示为 $(\boldsymbol{f}^*, \boldsymbol{p}^*)$，其中 $\boldsymbol{p}^* = (p_1^*, p_2^*, \cdots, p_k^*)$。定义 $f(p_k) = \tilde{\eta}$，将优化问题（P3-2）的可行解表示为 $(\tilde{\boldsymbol{f}}, \tilde{\boldsymbol{p}})$，假设 $\tilde{\boldsymbol{f}} = \boldsymbol{f}^*$，那么利用以下条件可以得到 $\tilde{\boldsymbol{p}}$ 的值：如果 $f(p_k^*) > 0$，则 $\tilde{p}_k = p_k^*$；否则 $\tilde{p}_k = 0$。

将优化问题（P3-2）关于 $(\tilde{\boldsymbol{f}}, \tilde{\boldsymbol{p}})$ 的可行目标解设为 $\tilde{\boldsymbol{W}}$，则新构造的可行解保证

了 $\tilde{\boldsymbol{W}}=\boldsymbol{W}_1^*$。因为 $(\tilde{\boldsymbol{f}},\tilde{\boldsymbol{p}})$ 对于优化问题（P3-2）是可行的，所以 $\boldsymbol{W}_2^*\geqslant\tilde{\boldsymbol{W}}$ 成立，可以推得 $\boldsymbol{W}_2^*\geqslant\boldsymbol{W}_1^*$。综上所述，可以推得 $\boldsymbol{W}_2^*=\boldsymbol{W}_1^*$。由此可以判断当安全计算能效最大化时优化问题（P3-2）与优化问题（P3-1）是等价的。

进一步地，为了解决优化问题（P3-2）的非凹特性，利用 Dinkelbach 方法，可将优化问题转化为

$$
\begin{aligned}
\text{(P3-3)}:\ \max_{\boldsymbol{f},\boldsymbol{p}}\ & \sum_{k=1}^{K}\left(\omega\left(\mathrm{lb}\left(1+\frac{p_k|h_k|^2}{\sigma^2}\right)-\mathrm{lb}\left(1+\frac{p_k|g_k|^2}{\sigma^2}\right)\right)+\frac{f_k}{C_k}\right)-\\
& \lambda\sum_{k=1}^{K}\left(\xi(p_k+p_r)+\varepsilon_k f_k^3\right)\\
\text{s.t.}\ & \text{式（3-10）～式（3-13）}
\end{aligned}
$$

利用 Dinkelbach 方法消去了优化问题目标函数中的分式后，对于给定的 $\boldsymbol{p}$，优化问题（P3-2）目标函数的左半部分为凹函数，右半部分为仿射函数，与此同时，其所有限制条件都为凸的。优化问题（P3-3）变为了一个凸优化问题，可利用凸优化工具包 CVX 进行求解。对于一个给定的 p_i，优化问题（P3-3）可以利用基于逐步凸逼近方法的迭代算法进行求解，如算法 3-1 所示。

算法 3-1 基于逐步凸逼近方法的迭代算法

输入 $P_k^{\max}$，$R_k^{\min}$，$f_k^{\max}$，门限值 $c>0$ 以及最大迭代次数 N

输出 p_k^{opt}，f_k^{opt}

1) 初始化 $\lambda_i=\lambda_0$，迭代指数 $i=0$
2) repeat
3) 对于给定的 p_i，求解优化问题（P3-3）
4) 　　求得可行解 $p_k^{\text{opt},i}$ 和 $f_k^{\text{opt},i}$
5) 根据逐步凸逼近方法更新 λ_i
6) if $|R^i-R^{i-1}|<c$
7) 　　输出最大计算能效 R^i
8) 　　break
9) 　else
10) 　　更新迭代次数 $i=i+1$
11) end if
12) end repeat

算法 3-1 中，R^i 表示优化问题（P3-3）在第 i 轮迭代中目标函数的值，当 $|R^i-R^{i-1}|=0$ 时，可以求得最优的资源分配策略以及系统的最大能效。第 i 轮迭代

用户传输功率以及本地计算 CPU 频率的最优解表示为 $p_k^{\text{opt},i}$ 以及 $f_k^{\text{opt},i}$；c 是迭代的精确度门限值，N 是迭代算法的最大迭代次数。

3.2.3　仿真结果与分析

本节利用仿真实验分析验证了所提出的安全计算能效最大化策略的性能，并将其与无监听器存在情况下计算任务部分卸载、计算任务完全卸载两种情况下的安全计算能效性能进行对比说明，并通过仿真实验分析了本节所提算法的收敛性能。

该仿真中，除非另做说明，本节将仿真参数进行如下设置：所有信道均设定服从瑞利衰落。设定 MEC 系统中的用户数为两个，用户到 HAP 的距离均为 20 m，到监听器的距离均为 30 m。噪声功率 $\sigma^2=10^{-8}$ dB，系统带宽 W=2 MHz。设定两个用户的恒定功耗均为 $p_r=0.05$ W，计算 1 bit 任务所需 CPU 周期均为 $C=10^3$cycle，最小计算速率限制为 $R_{\min}=10^4$ bit/s，功率放大系数 $\xi=3$，算法门限值 $c=10^{-4}$。

图 3-2 所示为在 3 种条件下用户最大传输功率对系统安全计算能效的影响，这 3 种条件分别是：本节提出的计算任务安全部分卸载方法、考虑安全卸载的计算任务完全卸载方法以及无监听器存在的部分卸载方法。从图 3-2 中可以看到，随着用户传输功率的提升，3 种条件下的系统计算能效都相应提高，并最终趋于一个上界。本节所提出的部分卸载方法性能明显优于完全卸载的方法，这是由于部分卸载的任务卸载方法将用户自身的计算资源也加以利用，相较于完全卸载方法计算能效更高。此外，从观察无监听器存在情况下的部分卸载方法的性能分析，可以看到其变化趋势基本与本节所提出方法一致，但性能始终更加良好，这是由于监听器存在时，本节所提方法基于利用物理层安全反监听的方法，限制了计算任务的卸载处理速度，导致其性能有了一些降低，但其保证了计算任务卸载过程的安全。

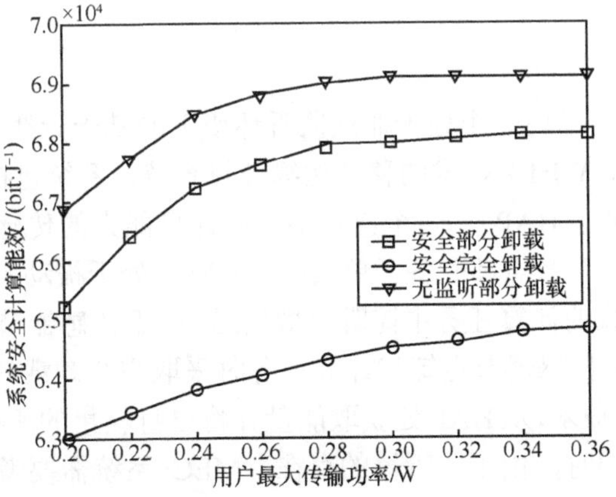

图 3-2　用户最大传输功率对系统安全计算能效的影响

图 3-3 所示为本节所提出的迭代算法的收敛性能。用户的最大传输功率被分别设定为 0.20 W、0.24W 和 0.28W，从图 3-3 中可以观察到，随着迭代次数的增加，本节所提出的安全计算能效最大化方法迅速收敛，这说明本节所提出的迭代算法是有效的。此外，随着算法迭代次数的增加，系统在不同最大传输功率条件下的安全计算能效趋于一个收敛值，且与图 3-2 中的结果相吻合。

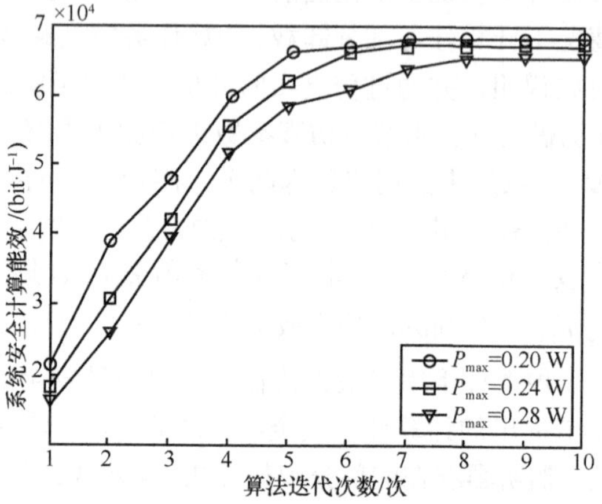

图 3-3　迭代算法的收敛性能

3.3　无线能量传输 MEC 系统时延优化

3.3.1　系统模型

如图 3-4 所示，考虑一个处于非法监听环境下的基于无线能量传输（Wireless Power Transmission，WPT）技术的移动边缘计算系统，系统包括一个有 MEC 服务器附着的混合接入点（HAP）、一个自身不具备计算能力的传感器节点以及一个监听器节点。系统中所有节点都配备了单天线。监听器处于被动监听模式下，其目的是从传感器节点卸载的计算任务中监听有效信息。由于传感器节点自身不具备计算能力，本节考虑一个传感器节点卸载计算任务时采取完全卸载的卸载模式。传感器节点需要利用 WPT 技术，从 HAP 处获取能量并将自身收集的所有数据上传到 MEC 服务器进行处理，同时，由于监听器的存在，MEC 系统需要考虑传感器节点在进行计算任务卸载时的信息安全问题。

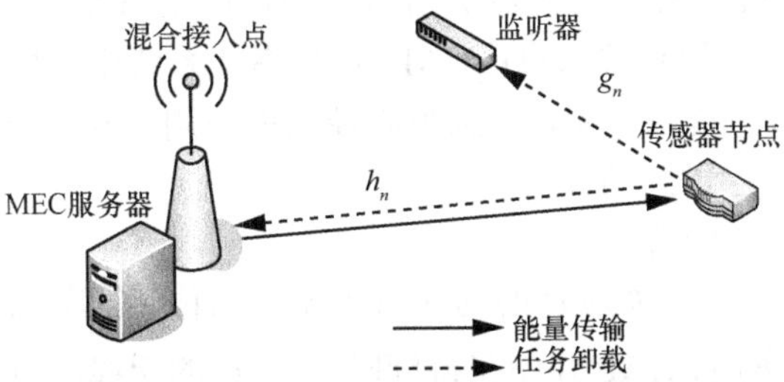

图 3-4　基于 WPT 技术的 MEC 系统模型

假设所有信道均服从瑞利衰落，信道状态在一个持续时间为 T s 时隙内保持不变，且每个时隙的信道状态信息相互独立。同时，如图 3-5 所示，所考虑的基于无线能量传输技术的 MEC 系统采用基于时分多址（Time Division Multiple Address，TDMA）时隙分配方案，将一个时隙分为 3 个部分：无线能量传输阶段、计算任务卸载处理阶段以及计算任务处理及结果返回阶段。在 T_1 时隙中，HAP 利用无线能量传输技术持续向外辐射能量，传感器节点收获无线能量，所以无线能量传输阶段也可被称为充电阶段；在接下来的 T_2 时隙中，传感器节点利用它在无线能量传输阶段收获到的能量将自身的所有任务安全卸载到 MEC 服务器进行处理；在 MEC 服务器接收到来自传感器节点的计算任务后，MEC 服务器对计算任务进行处理，并在处理完成后将计算结果反馈给传感器节点。如此，就形成了该系统中的充能-卸载的计算任务处理控制模式。

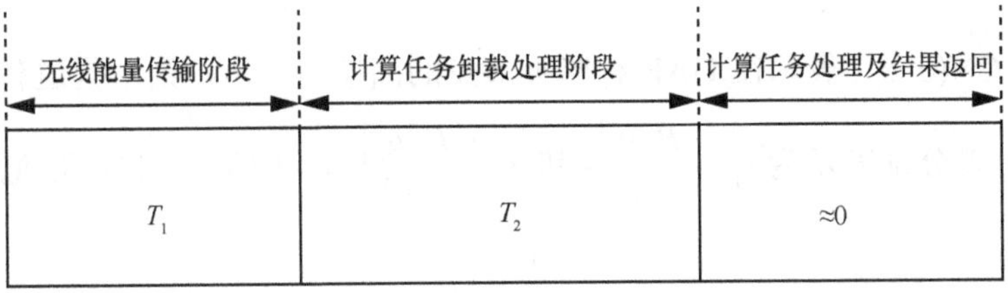

图 3-5　时分多址时隙分配方案

定义 h_n 为传感器节点到 HAP 的信道系数，g_n 为传感器节点到监听器的信道系数。假定 MEC 服务器可以获得传感器节点的所有信道状态信息以及计算任务信息，但是仅知道部分监听信道状态信息。本书利用一种 CSI 不确定模型来对 g_n 进行处理，令 $g_n = \tilde{g}_n + \Delta g_n$，$\tilde{g}_n$ 表示 MEC 服务器对监听信道的预估信道系数，Δg_n 表示被一个非负值 $\varepsilon > 0$ 所限制的预估误差，即 $|\Delta g_n| < \varepsilon$。$g_n$ 表示 MEC 所知晓的监听信道的最大可能信道增益。假设所有的信道系数均服从复高斯分布，则对应的主信道及监听信道的信道增益分别为 $|h_n|^2$ 和 $|g_n|^2$。在该系统中，HAP 被设计为完全知晓

主信道的信道状态信息，知道有关监听信道的预估信道系数及预估误差，且可通过反馈知晓计算任务卸载的有关信息；HAP 负责指挥系统中传感器节点计算任务卸载的决策，协调时隙与资源分配，起到中心控制的作用。本节的目标是最小化系统时延，在后文中会进行详细的分析说明。

（1）无线能量传输阶段

HAP 配备平均发射功率为 P_0 的功率放大器，当传感器节点有任务需要卸载到 MEC 服务器进行处理时，HAP 开始在持续时间为 T_1 的无线能量传输阶段利用下行传输链路对传感器节点传输能量。设定 HAP 的发射功率为 P_0，在无线能量传输阶段结束后，传感器节点收获到的能量为

$$E_n = \eta P_0 |h_n|^2 T_1 \tag{3-15}$$

其中，E_n 表示传感器节点在无线能量传输阶段获取的总能量，$0 \leqslant \eta \leqslant 1$ 表示传感器节点的能量收集效率，$|h_n|^2$ 表示主信道的信道增益。除了利用 WPT 技术从 HAP 处获取能量，传感器节点没有其他能量供应来源。

（2）计算任务卸载处理阶段

在无线能量传输阶段结束后，传感器节点在持续时间为 T_2 的计算任务卸载处理阶段将数据量大小为 R_0 bit 的计算任务安全卸载到 MEC 服务器进行处理。由于传感器节点在 T_2 内持续利用收获到的能量，所以发射功率为

$$P_n = \frac{E_n}{T_2} \tag{3-16}$$

令 $n \sim \mathrm{CN}(0, \sigma^2)$ 表示在 HAP 和监听节点的高斯白噪声，则主信道和监听信道的信噪比可以分别表示为 $\gamma_{\mathrm{B}} = \frac{P_n |h_n|^2}{\sigma^2}$ 和 $\gamma_{\mathrm{E}} = \frac{P_n |g_n|^2}{\sigma^2}$，主信道和监听信道的可达速率分别为

$$C_{\mathrm{B}} = W \mathrm{lb}\left(1 + \frac{P_n |h_n|^2}{\sigma^2}\right) \tag{3-17}$$

$$C_{\mathrm{E}} = W \mathrm{lb}\left(1 + \frac{P_n |g_n|^2}{\sigma^2}\right) \tag{3-18}$$

其中，W 表示系统带宽。

物理层安全的关键在于以一个监听器无法解码任何信息的最大传输速率来传输机密信息。基于此概念，为了在保证计算任务卸载过程安全的前提下最小化系统时延，将系统的可达保密速率选作传感器计算任务的卸载速率来实现安全卸载过

程，可达保密速率可以表示为

$$C_S = \left[C_{\mathrm{B}} - C_{\mathrm{E}}\right]^+ \tag{3-19}$$

其中，$[x]^+ = \max(x,0)$。

观察式（3-19）可以发现，只有当主信道可达速率大于监听信道可达速率时，传感器节点才可实现计算任务的安全卸载，也就是说，只有当主信道的信道功率增益优于监听信道功率增益时，计算任务可以安全卸载的前提才成立，在本节后续内容中，默认 $h_n > g_n$。

在持续时间 T_2 内，传感器节点可以传输 R_n bit 的计算任务，其可以表示为

$$R_n = WT_2\left(\mathrm{lb}\left(1+\frac{P_n|h_n|^2}{\sigma^2}\right)-\mathrm{lb}\left(1+\frac{P_n|g_n|^2}{\sigma^2}\right)\right) \tag{3-20}$$

为了保证计算任务卸载阶段的任务成功传输，传感器节点的最大传输容量必须大于自身任务量，即 $R_n > R_0$。基于式（3-15）～式（3-20），可将传感器节点到 HAP 的最大安全卸载速率的表达式写为

$$\begin{aligned}R_n &= WT_2\left(\mathrm{lb}\left(1+\frac{\eta P_0|h_n|^4 T_1}{\sigma^2 T_2}\right)-\mathrm{lb}\left(1+\frac{\eta P_0|g_n|^4 T_1}{\sigma^2 T_2}\right)\right)= \\ & WT_2\left(\mathrm{lb}\left(1+a_0\frac{T_1}{T_2}\right)-\mathrm{lb}\left(1+b_0\frac{T_1}{T_2}\right)\right)\end{aligned} \tag{3-21}$$

其中，$a_0 = \dfrac{\eta P_0|h_n|^4}{\sigma^2}$，$b_0 = \dfrac{\eta P_0|g_n|^4}{\sigma^2}$。

在计算任务处理及结果返回阶段，考虑到 MEC 服务器强大的任务处理能力以及足够高的传输功率，与大部分有关 MEC 系统的研究文献的处理方式相同，本节将忽略这一部分的时间，并默认系统的总时延为 $T_1 + T_2$。

3.3.2　时延最小化

正如前文所述，MEC 系统对低时延性能的要求是十分高的，所以本书的优化目标为系统的总时延 $T_1 + T_2$ 最小化，其中，T_1 表示 HAP 为传感器节点充能的时间，T_2 表示传感器的计算任务卸载时延，接下来，本节对不同情况下系统的时延最小化优化问题进行了建立与求解。

（1）$T_1 = T_2$

作为第一个优化问题，本节考虑一种最简单的场景，设定 $T_1 = T_2 = T_0$，则总时

延即 $T_1+T_2=2T_0$。因此，可以建立如下优化问题

$$(\text{P3-4}):\ \min_{T_0}\ 2T_0$$

$$\text{s.t.}\ R_n = WT_0\left(\text{lb}(1+a_0)-\text{lb}(1+b_0)\right)\geqslant R_0 \tag{3-22}$$

$$T_0\geqslant 0 \tag{3-23}$$

其中，式（3-22）表示在经过无线能量传输阶段后，传感器节点的最大可卸载任务量必须不小于自身的待处理计算任务的数据量；式（3-23）限制无线能量传输阶段及计算任务卸载处理阶段的持续时间必须为非负数。

优化问题（P3-4）可以利用式（3-22）进行等式转化来解决。最佳充能时间和任务卸载时间表示为

$$T_0^* = \frac{R_0}{B\left(\text{lb}(1+a_0)-\text{lb}(1+b_0)\right)} \tag{3-24}$$

则在无线能量传输阶段及计算任务卸载处理阶段的持续时间相同的情况下，MEC 系统的总最小时延为 $2T_0^*$。

（2）$T_1\neq T_2$

作为第二个优化问题，本节考虑一种更常规的设定模式，即考虑无线能量传输阶段及计算任务卸载处理阶段的持续时间不同的情况，即设定 $T_1\neq T_2$。在此设定下，可以建立如下优化问题

$$(\text{P3-5}):\ \min_{T_1,\,T_2} T_1+T_2$$

$$\text{s.t.}\ R_n = WT_2\left|\text{lb}\left(1+a_0\frac{T_1}{T_2}\right)-\text{lb}\left(1+b_0\frac{T_1}{T_2}\right)\right|\geqslant R_0 \tag{3-25}$$

$$T_1\geqslant 0 \tag{3-26}$$

$$T_2\geqslant 0 \tag{3-27}$$

其中，式（3-25）表示在经过无线能量传输阶段后，传感器节点的最大可卸载任务量必须不小于自身的待处理计算任务的数据量；式（3-26）及式（3-27）限制无线能量传输阶段及计算任务卸载处理阶段的持续时间必须为非负数。

定理 3-2 若 $h_n>g_n$，优化问题（P3-5）为凸优化问题。

证明 根据式（3-19）中的定义，当 $h_n>g_n$ 时，存在保密容量 $C_s>0$。设定 $C_s=\text{lb}c_n$，其中 c_n 的表达式为

$$c_n=\frac{1+xa_0}{1+xb_0} \tag{3-28}$$

由于 $\text{lb}x$ 和 c_n 都为拟凹函数，根据凸优化原理中的定义，拟凹函数和线性分式函数的组合同样为拟凹函数。此外，根据透视函数的性质，R_n 为关于 T_1、T_2 的联

合凹函数，优化问题（P3-5）的效用函数为凸集，所以优化问题（P3-5）是一个凸优化问题。

利用拉格朗日乘子法，优化问题（P3-5）的新效用函数可表示为

$$L(T_1,T_2) = -(T_1+T_2) + \lambda\left(WT_2\left(\text{lb}\left(1+a_0\frac{T_1}{T_2}\right) - \text{lb}\left(1+b_0\frac{T_1}{T_2}\right)\right) - R_0\right) \tag{3-29}$$

其中，$\lambda>0$ 表示与限制条件（3-25）对应的拉格朗日乘子。分别对式（3-29）中的 T_1 和 T_2 求一阶导数，可以得到

$$\frac{\partial L(T_1,T_2)}{\partial T_1} = -1 + \lambda W\left(\frac{a_0}{\ln 2\left(1+a_0\frac{T_1}{T_2}\right)} - \frac{b_0}{\ln 2\left(1+b_0\frac{T_1}{T_2}\right)}\right) \tag{3-30}$$

$$\frac{\partial L(T_1,T_2)}{\partial T_2} = -1 + \lambda W\left(\text{lb}\left(\frac{1+a_0\frac{T_1}{T_2}}{1+b_0\frac{T_1}{T_2}}\right) + \left(\frac{b_0\frac{T_1}{T_2}}{\ln 2\left(1+b_0\frac{T_1}{T_2}\right)} - \frac{a_0\frac{T_1}{T_2}}{\ln 2\left(1+a_0\frac{T_1}{T_2}\right)}\right)\right) \tag{3-31}$$

定义 T_1^*、T_2^* 和 λ^*，并令其满足

$$-1 + \lambda^* W\left(\frac{a_0}{\ln 2\left(1+a_0\frac{T_1^*}{T_2^*}\right)} - \frac{b_0}{\ln 2\left(1+b_0\frac{T_1^*}{T_2^*}\right)}\right) = 0 \tag{3-32}$$

$$-1 + \lambda^* W\left(\text{lb}\left(\frac{1+a_0\frac{T_1^*}{T_2^*}}{1+b_0\frac{T_1^*}{T_2^*}}\right) + \left(\frac{b_0\frac{T_1^*}{T_2^*}}{\ln 2\left(1+b_0\frac{T_1^*}{T_2^*}\right)} - \frac{a_0\frac{T_1^*}{T_2^*}}{\ln 2\left(1+a_0\frac{T_1^*}{T_2^*}\right)}\right)\right) = 0 \tag{3-33}$$

$$\lambda^*\left(WT_2^*\left(\text{lb}\left(1+a_0\frac{T_1^*}{T_2^*}\right) - \text{lb}\left(1+b_0\frac{T_1^*}{T_2^*}\right)\right) - R_0\right) = 0 \tag{3-34}$$

根据式（3-32）可知 $\lambda^* \neq 0$，令 $\frac{T_1^*}{T_2^*} = \tau^*$，可将式（3-32）～式（3-34）转化为

$$\lambda^* W\left(\frac{a_0}{\ln 2(1+a_0\tau^*)} - \frac{b_0}{\ln 2(1+b_0\tau^*)}\right) = 1 \tag{3-35}$$

$$\lambda^* W\left(\text{lb}\left(\frac{1+a_0\tau^*}{1+b_0\tau^*}\right) + \left(\frac{b_0\tau^*}{\ln 2(1+b_0\tau^*)} - \frac{a_0\tau^*}{\ln 2(1+a_0\tau^*)}\right)\right) = 1 \tag{3-36}$$

$$WT_2^*\left(\text{lb}(1+a_0\tau^*)-\text{lb}(1+b_0\tau^*)\right)=R_0 \tag{3-37}$$

联立式（3-35）和式（3-36），可以解得

$$\tau^*=\frac{1-\mathrm{e}^{-1-W_0\left(\frac{a_0+b_0-1}{a_0b_0\mathrm{e}}\right)}}{a_0\mathrm{e}^{-1-W_0\left(\frac{a_0+b_0-1}{a_0b_0\mathrm{e}}\right)}-b_0} \tag{3-38}$$

其中，$W_0(x)$代表朗伯-W 函数（Lambert-W Function）。将式（3-37）变形，可解得

$$T_2^*=\frac{R_0}{W\left(\text{lb}(1+a_0\tau^*)-\text{lb}(1+b_0\tau^*)\right)} \tag{3-39}$$

根据$\frac{T_1^*}{T_2^*}=\tau^*$，可解得

$$T_1^*=\tau^*T_2^* \tag{3-40}$$

则在无线能量传输阶段及计算任务卸载处理阶段的持续时间不同的情况下，MEC 系统的总最小时延为$T_1^*+T_2^*$。

3.3.3 多用户场景扩展

本节将前文所述的无线传能 MEC 场景下的时延最优化问题扩展到多用户场景，即 MEC 系统中传感器节点的数量变为多个。扩展后的系统模型包含一个有 MEC 服务器附着的 HAP、K 个不具备计算能力的传感器节点以及一个监听节点。

在多用户场景下，HAP 在无线能量传输阶段的持续时间 T_1 内持续为所有传感器节点辐射能量。在计算任务卸载处理阶段，传感器节点利用它们在无线能量传输阶段捕获的能量将它们的任务卸载到 MEC 服务器进行处理。设第 k 个用户有 R_k bit 的任务需要上传到 MEC 服务器进行处理，并且所有传感器节点进行卸载处理时工作在同一频段并采取 TDMA 的工作模式，即同一时间内只能有一个传感器节点进行任务卸载操作，在此设定下，用$T_{2,k}$（k=1,2,⋯,K）表示分配给用户 k 的专属卸载时隙。

与单用户场景类似，用$a_k=\frac{\eta P_0|h_k|^4}{\sigma^2}$，$b_k=\frac{\eta P_0|g_k|^4}{\sigma^2}$，$k$=1,2,⋯,$K$，分别表示第 k 个用户主信道和监听信道的信噪比，其中h_k和g_k分别为第 k 个用户主信道和监听信道的信道增益，且始终满足$h_k>g_k$。多用户场景下其他参数的设置与单用户场景类似。基于上述设定，多用户场景下一个完整的任务处理过程包含时隙$T_1+T_{2,1}+\cdots+T_{2,K}$，所以本节的研究重点为最小化总时延$T_1+T_{2,1}+\cdots+T_{2,K}$，可以形成如下优化问题

$$
\text{(P3-6)}: \min_{T_1, T_{2,k}} \ T_1 + T_{2,1} + T_{2,2} + \cdots + T_{2,K}
$$

$$
\begin{aligned}
\text{s.t.} \quad & R_{n,1} = WT_{2,1}\left(\operatorname{lb}\left(1 + a_1 \frac{T_1}{T_{2,1}}\right) - \operatorname{lb}\left(1 + b_1 \frac{T_1}{T_{2,1}}\right)\right) \geqslant R_1 \\
& R_{n,2} = WT_{2,2}\left(\operatorname{lb}\left(1 + a_2 \frac{T_1}{T_{2,2}}\right) - \operatorname{lb}\left(1 + b_2 \frac{T_1}{T_{2,2}}\right)\right) \geqslant R_2 \\
& \qquad \vdots \\
& R_{n,K} = WT_{2,K}\left(\operatorname{lb}\left(1 + a_K \frac{T_1}{T_{2,K}}\right) - \operatorname{lb}\left(1 + b_K \frac{T_1}{T_{2,K}}\right)\right) \geqslant R_K
\end{aligned} \tag{3-41}
$$

$$
T_1 \geqslant 0 \tag{3-42}
$$

$$
T_{2,k} \geqslant 0, k = 1, 2 \cdots, K \tag{3-43}
$$

其中，式（3-41）表示在经过无线能量传输阶段后，MEC 系统中每个传感器节点的最大可卸载任务量必须不小于自身的待处理计算任务的数据量；式（3-42）限制无线能量传输阶段的持续时间必须为非负数；式（3-43）限制每个传感器节点计算任务卸载阶段的持续时间必须为非负数。

优化问题（P3-6）可以利用拉格朗日乘子法进行解决。但是想得到关于 K 个未知用户的计算任务处理时延 $T_1, T_{2,1}, \cdots, T_{2,K}$ 的解释是非常困难的，可以利用下列 K 个非线性方程通过数值仿真的方式求出

$$
\begin{aligned}
& WT_{2,1}^*\left(\operatorname{lb}\left(1 + a_1 \frac{T_1^*}{T_{2,1}^*}\right) - \operatorname{lb}\left(1 + b_1 \frac{T_1^*}{T_{2,1}^*}\right)\right) = R_1 \\
& WT_{2,2}^*\left(\operatorname{lb}\left(1 + a_2 \frac{T_1^*}{T_{2,2}^*}\right) - \operatorname{lb}\left(1 + b_2 \frac{T_1^*}{T_{2,2}^*}\right)\right) = R_2 \\
& \qquad \vdots \\
& WT_{2,K}^*\left(\operatorname{lb}\left(1 + a_K \frac{T_1^*}{T_{2,K}^*}\right) - \operatorname{lb}\left(1 + b_K \frac{T_1^*}{T_{2,K}^*}\right)\right) = R_K
\end{aligned} \tag{3-44}
$$

3.3.4　仿真结果与分析

本节针对所建立的模型进行了仿真实验与性能分析，分析了在无线能量传输阶段持续时间与计算任务卸载处理阶段持续时间相等与不相等时系统时延的变

化，并将这两种设定下的系统性能进行对比分析，给出了在双用户场景下系统性能的分析。

在仿真中，除非另做说明，本章将仿真参数进行如下设置：设定系统中的信道均服从瑞利衰落信道模型，且设定所有信道的信道参数均服从路径损耗模型 $\beta_0\left(\dfrac{d}{d_0}\right)^{-\xi}$。其中 d 为系统中节点的距离，$\beta_0=-30$ dB 为参考距离 d_0=1 m 时的路径损耗，$\xi=3.7$ 表示路径损耗系数。出于简化考虑，将所有信道功率增益对接收机噪声进行归一化处理，进而可将噪声功率设定为 $\sigma^2=1$ dB。设定系统带宽 W=100 kHz，其他参数会在下文中进行说明。

图 3-6 所示为不同信噪比条件对两种时隙分配策略系统时延的影响，即 $T_1=T_2$ 与 $T_1\neq T_2$ 时，MEC 系统在不同信噪比 a_0 条件下，系统时延随传感器节点任务量的变化情况。仿真实验中，监听器到传感器节点的距离被设定为 30 m。从图 3-6 中可以看到，$T_1=T_2$ 与 $T_1\neq T_2$ 两种情况下系统时延均随着任务量的增加而线性增加，而在相同信噪比的条件下，$T_1\neq T_2$ 时的系统时延均要优于 $T_1=T_2$ 时的系统时延，这说明动态的时隙分配策略，即不限制无线能量传输阶段持续时间与计算任务卸载处理阶段持续时间必须相同，要优于添加限制后的时隙分配策略。此外，对不同信噪比的两种时隙分配策略下系统时延的变化趋势进行对比可以发现，随着信噪比的增高，两种时隙分配策略下系统时延的变化趋势之间的差异变小，也就是说，信噪比越高，两种时隙分配策略的性能差异越小。

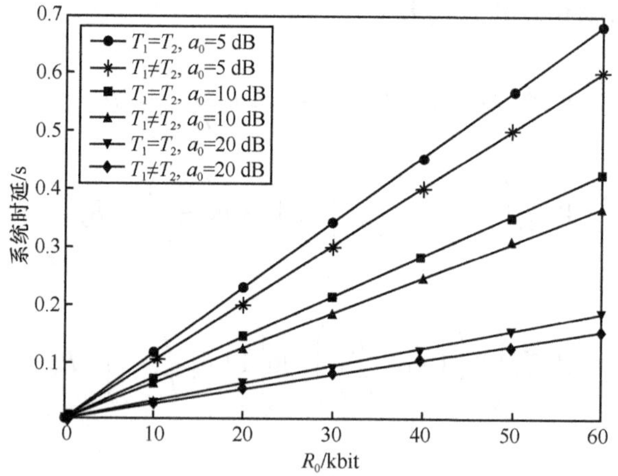

图 3-6　不同信噪比条件对两种时隙分配策略系统时延的影响

图 3-7 所示为传感器到监听器的距离对两种时隙分配策略系统时延的影响。仿真实验中，传感器节点到混合接入点的距离设定为 20 m，信噪比设定为 10 dB，传感器节

点待计算任务的数据量 R_0=30 kbit。从图 3-7 中可以看到，随着传感器节点到监听器距离的增加，两种时隙分配策略下的系统时延都逐步降低，并最终趋于一个下界，这是由于随着传感器节点到监听器距离的增加，监听器的监听能力也随之减弱，监听信道状态变差，传感器节点可以以更高的保密速率进行任务卸载，时延也随之降低了。

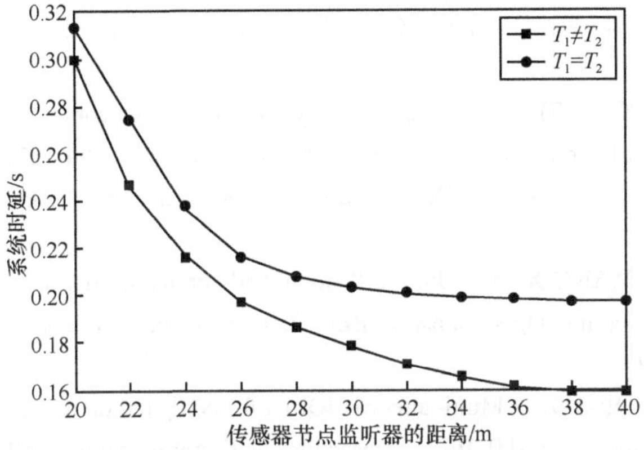

图 3-7　传感器节点到监听器的距离对两种时隙分配策略系统时延的影响

图 3-8 所示为存在两个传感器节点时，基于无线能量传输技术的 MEC 系统时延在不同信噪比条件下随计算任务数据量的变化情况。两个传感器节点到监听器的距离均被设定为 30 m，且两个传感器节点计算任务数据量大小相同，其他参数与图 3-6 相同。从图 3-8 可以看到，与图 3-6 类似，MEC 系统时延随着计算任务数据量的增加而线性增加，与此同时，信噪比越高，系统的性能越好、时延越低。

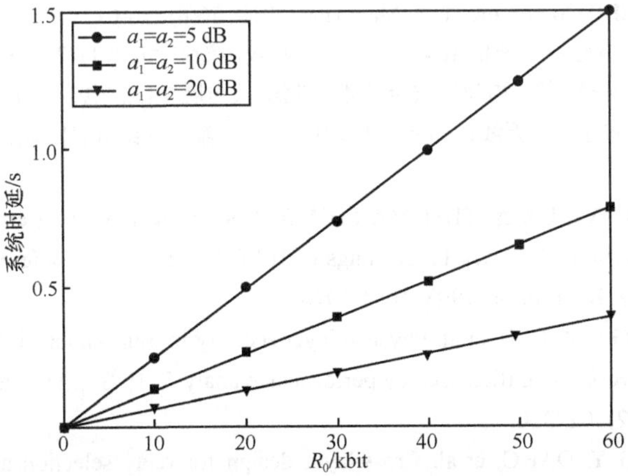

图 3-8　存在两个传感器节点时，不同信噪比条件对两种时隙分配策略系统时延的影响

参考文献

[1] DAHLMAN E, MILDH G, PARKVALL S, et al. 5G wireless access: requirements and realization[J]. IEEE Communications Magazine, 2014, 52(12): 42-47.

[2] 田辉，范绍帅，吕昕晨，等. 面向 5G 需求的移动边缘计算[J]. 北京邮电大学学报，2017, 40(2): 1-10.

[3] MAO Y Y, YOU C S, ZHANG J, et al. A survey on mobile edge computing: the communication perspective[J]. IEEE Communications Surveys & Tutorials, 2017, 19(4): 2322-2358.

[4] HU Y C, PATEL M, SABELLA D, et al. Mobile edge computing the key technology towards 5G[R]. 2015.

[5] WANG F, XU J, WANG X, et al. Joint offloading and computing optimization in wireless powered mobile-edge computing systems[J]. IEEE Transactions on Wireless Communications, 2018, 17(3): 1784-1797.

[6] WANG F, XU J, DING Z G. Multi-antenna NOMA for computation offloading in multiuser mobile edge computing systems[J]. IEEE Transactions on Communications, 2019, 67(3): 2450-2463.

[7] YOU C S, HUANG K B, CHAE H, et al. Energy-efficient resource allocation for mobile-edge computation offloading[J]. IEEE Transactions on Wireless Communications, 2017, 16(3): 1397-1411.

[8] CHEN X, JIAO L, LI W Z, et al. Efficient multi-user computation offloading for mobile-edge cloud computing[J]. IEEE/ACM Transactions on Networking, 2016, 24(5): 2795-2808.

[9] GAMAL A E, KOYLUOGLU O O, YOUSSEF M, et al. Achievable secrecy rate regions for the two-way wiretap channel[J]. IEEE Transactions on Information Theory, 2013, 59(12): 8099-8114.

[10] AHMAD I, KUMAR T, LIYANAGE M, et al. Overview of 5G security challenges and solutions[J]. IEEE Communications Standards Magazine, 2018, 2(1): 36-43.

[11] HE D J, CHAN S, GUIZANI M. Security in the Internet of things supported by mobile edge computing[J]. IEEE Communications Magazine, 2018, 56(8): 56-61.

[12] 丁家凤. 无线网络通信加密措施探讨[J]. 中国新技术新产品, 2011(2): 35.

[13] 龙航，袁广翔，王静，等. 物理层安全技术研究现状与展望[J]. 电信科学, 2011, 27(9): 60-65.

[14] 杨扬，杨茂强，张子平. 无线通信系统物理层安全传输方法综述[J]. 通信技术，2017, 50(7): 1351-1356.

[15] BERROU C, GLAVIEUX A, THITIMAJSHIMA P. Near Shannon limit error-correcting coding and decoding: turbo-codes.1[C]//Proceedings of IEEE International Conference on Communications. Piscataway: IEEE Press, 1993: 1064-1070.

[16] QI X H, HUANG K Z, LI B, et al. Physical layer security in multi-antenna cognitive heterogeneous cellular networks: a unified secrecy performance analysis[J]. Science China Information Sciences, 2018, 61(2): 022310.

[17] QIU L, ZHANG Y, DAI C, et al. Cross-layer design for relay selection and power allocation strategies in cooperative networks[C]//Proceedings of 2009 Seventh Annual Communication Networks and Services Research Conference. Piscataway: IEEE Press, 2009: 232-237.

第 4 章 IRS 系统中的物理层安全

4.1 IRS 系统物理层安全简介

由于通信设备数量的迅速增长，各种各样的无线技术被提出以提高频谱和能量效率，如 MIMO[1]、合作通信[2]、认知无线电（Cognitive Radio，CR）[3]等。然而，这些技术侧重于收发机的信号处理，以适应无线环境的变化，而不能消除不可控的电磁波传播环境所带来的负面影响[4-5]。

近年来，智能反射表面（Intelligent Reflecting Surface，IRS）由于能够通过控制无线传播环境[6]来实现高频谱/能量效率，被认为是一种很有前途的技术。IRS 是由大量复合材料单元组成的均匀平面阵列，每个单元都可以调节入射电磁波的反射系数（即相位或振幅）并对其进行被动反射。因此，IRS 通过预先编程的控制器巧妙地调整反射系数，可以改变入射电磁波的衰减和散射，使其在到达预定的接收器之前以所需的方式传播，这被称为可编程可控的无线环境。这也启发了本书在设计通信系统时，应综合考虑收发机的信号处理和无线环境下电磁波传播的优化。

与传统反射面[7]、放大转发（Amplify-and-Forward，AF）中继[8]、有源智能反射表面[9]、后向散射通信[10-12]等现有相关技术相比，IRS 具有以下优点。首先，由于近年来微电子机械系统（Micro-Electromechanical System，MEMS）和复合材料[5-6]的突破，IRS 可以实时地重新配置反射系数，而传统反射面只有固定的反射系数。其次，IRS 是一种绿色、节能的技术，它被动地反射入射信号而不增加额外的能量消耗，而 AF 中继和有源智能反射表面需要有源射频（Radio Frequency，RF）组件。

再次，虽然IRS和后向散射通信都使用无源通信，但IRS可以配备大量反射元件，而后向散射设备由于其复杂性和成本[13]的限制，通常配备单/多根天线。此外，IRS仅试图辅助目标收发对之间的信号传输，而不考虑自身的信息传输，而后向散射通信需要支持后向散射设备[14-15]的信息传输。

由于其显著的优点，IRS已被引入各种无线通信系统中。具体来说，文献[16-20]考虑由IRS辅助的下行单用户多输入单输出（Multiple Input Single Output，MISO）系统。在文献[16]中，采用集中式算法和分布式算法，在考虑完美信道状态信息的情况下，最大限度地提高信号的信噪比。文献[17]考虑了统计信道状态信息，研究了反射系数对遍历容量的影响。此外，由于反射元件的连续反射系数受硬件限制影响大，文献[18-20]考虑了反射元件的离散反射系数，研究了信噪比最大化问题和发射机功率最小化问题。针对下行多用户MISO系统，文献[21-22]考虑反射元件的连续反射系数和离散反射系数，研究了信号与干扰加噪声比（Signal to Interference plus Noise Ratio，SINR）（简称为信干噪比）约束下的频谱效率问题。此外，文献[23]考虑了发射机与IRS之间的信道矩阵为秩和满秩的两种情况，给出了最小SINR最大化问题。

综上所述，IRS应用于物理层安全具有十分广阔的前景，因此，本章分别从多用户和无线传能角度对IRS与物理层安全的结合进行系统的详细阐述。

4.2 多用户IRS系统的物理层安全

4.2.1 系统模型

如图4-1所示，建立一个IRS和人工噪声（Artificial Noise，AN）辅助MEC系统安全卸载模型，其中包括K个单天线用户，一个带有M_t根发射天线和M_r根接收天线的全双工基站（Base Station，BS），一个与BS集成的MEC服务器，I个无源单天线监听器（Eve），一个由N个反射元件组成的无源IRS。IRS连接到智能可编程控制器，该控制器需要协调其工作模式，包括估计CSI的接收模式和散射入射信号的反射模式。由于路径损耗大，这里忽略了IRS对入射信号的多次反射。在该模型中，当用户将任务卸载给BS时，其消息可能会被空间中存在的多个恶意被动监听器监听。因此，为了防止被监听，在系统中引入了IRS和AN来提高系统的安全性。通过适当调整IRS相移，改变入射信号的相位，使反射信号在BS处增强，在监听器处减弱。为了进一步干扰监听器，BS采用FD模式，可以在向所有Eve发送AN的同时接收所需的信号。FD-BS采用自干扰消除技术，可以消除部分干扰。

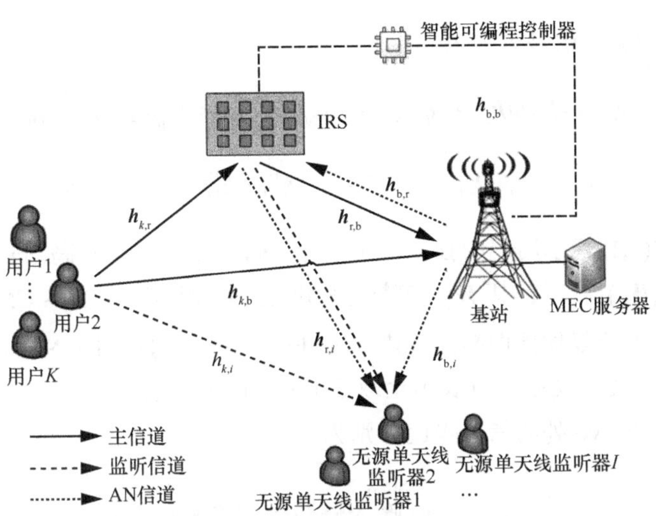

图 4-1　IRS 和 AN 辅助 MEC 系统安全卸载模型

用户到 BS、用户到 Eve、用户到 IRS、IRS 到 BS、IRS 到 Eve、BS 到 Eve、BS 到 IRS、BS 到 BS 的自干扰信道参数分别为 $h_{k,b} \in \mathbb{C}^{M \times 1}$，$h_{k,i}$，$h_{k,r} \in \mathbb{C}^{N \times 1}$，$h_{r,b} \in \mathbb{C}^{M \times N}$，$h_{r,i} \in \mathbb{C}^{N \times 1}$，$h_{b,i} \in \mathbb{C}^{M \times 1}$，$h_{b,r} \in \mathbb{C}^{N \times M}$，$h_{b,b} \in \mathbb{C}^{M \times M}$，在本节中，$k \in \mathcal{K} \square \{1, \cdots, K\}$ 和 $i \in \mathcal{I} \square \{1, \cdots, I\}$ 分别表示第 k 个用户和第 i 个监听器。令 $\boldsymbol{\Phi}_k = \mathrm{diag}(\alpha_{k,1} \exp(\mathrm{j}\phi_{k,1})$，$\alpha_{k,2} \exp(\mathrm{j}\phi_{k,2}), \cdots, \alpha_{k,N} \exp(\mathrm{j}\phi_{k,N}))$ 表示 IRS 的对角反射系数矩阵，其中，$\alpha_{k,n} \in [0,1]$，$\phi_{k,n} \in [0,2\pi]$ 分别表示第 k 个用户信号的第 n 个反射元件的振幅和相位。为了使 BS 接收信号强度最大，令 $\alpha_{k,n} = 1$，其中，假设所有信道的 CSI 是完全已知的理想情况，这是因为这里主要关注实现 IRS 辅助 MEC 系统的能量消耗下界。

假设计算任务可以任意划分为两个独立的子任务，考虑部分卸载模型，其中部分用户任务可以在局部计算，其余部分可以卸载到 BS 进行边缘计算。假设用户计算任务的截止时间为 T，用户 k 执行的任务总数为 L_k，本地计算任务为 l_k。因为 MEC 服务器拥有强大的计算能力，BS 的发射功率也很大，所以这里忽略了 MEC 服务器的计算时间和将结果回传给用户的时间。

（1）本地计算

令 c_k 为用户 k 计算 1 bit 任务所需的 CPU 周期数，ξ_k 为用户芯片架构的有效电容参数，则用户 k 本地计算消耗的能量为

$$E_k^{\mathrm{loc}} = \frac{\xi_k c_k^3 l_k^3}{T^2} \tag{4-1}$$

（2）全双工传输和 IRS 辅助的部分卸载

为了提高用户 k 的安全性，全双工 BS 在接收到用户 k 的信号时，通过发送 AN 来干扰 Eve，并且可以适当调整 IRS 的相位来降低 Eve 接收到的信号。BS 和第 i 个

Eve 接收的用户 k 的信号可表示为

$$y_{\mathrm{b}}^{k}=(\boldsymbol{h}_{\mathrm{r,b}}\boldsymbol{\Phi}\boldsymbol{h}_{k,\mathrm{r}}+\boldsymbol{h}_{k,\mathrm{b}})\sqrt{p}x+\sqrt{\rho}\boldsymbol{h}_{\mathrm{b,b}}\boldsymbol{w}_{k}+\boldsymbol{h}_{\mathrm{r,b}}\boldsymbol{\Phi}\boldsymbol{h}_{\mathrm{b,r}}\boldsymbol{w}_{k}+\boldsymbol{n}_{\mathrm{b}} \tag{4-2}$$

$$y_{i}=(\boldsymbol{h}_{\mathrm{r},i}^{\mathrm{H}}\boldsymbol{\Phi}\boldsymbol{h}_{k,\mathrm{r}}+h_{k,i})\sqrt{p}x+(\boldsymbol{h}_{\mathrm{b},i}^{\mathrm{H}}+\boldsymbol{h}_{\mathrm{r},i}^{\mathrm{H}}\boldsymbol{\Phi}_{k}\boldsymbol{h}_{\mathrm{b,r}})\boldsymbol{w}_{k}+n_{i} \tag{4-3}$$

其中，$x_k \sim \mathrm{CN}(0,1)$ 表示用户的独立信息信号；$\boldsymbol{w}_k \in \mathbb{C}^{M\times 1}$ 表示复高斯随机 AN 向量，即 $\boldsymbol{w}_k$ □ $\mathrm{CN}(\boldsymbol{0},\boldsymbol{W}_k)$，其中 $\boldsymbol{W}_k \in \mathbb{H}^{M_\mathrm{t}}$ 是协方差矩阵；$\boldsymbol{n}_\mathrm{b} \sim \mathrm{CN}(\boldsymbol{0},\sigma_\mathrm{b}^2\mathbf{I}_{M_\mathrm{r}})$ 和 $\boldsymbol{n}_i \sim \mathrm{CN}(0,\sigma_i^2)$ 表示复加性白高斯噪声（Additive White Gaussian Noise，AWGN），P_k 表示用户 k 的传输功率，ρ 表示全双工 BS 的自干扰系数。

BS 和第 i 个 Eve 处的信干噪比分别为

$$\Upsilon_{\mathrm{b},k}=\frac{p_k\left\|\boldsymbol{q}^{\mathrm{H}}(\boldsymbol{h}_{\mathrm{r,b}}\boldsymbol{\Phi}_k\boldsymbol{h}_{k,\mathrm{r}}+\boldsymbol{h}_{k,\mathrm{b}})\right\|^2}{\boldsymbol{q}_k^{\mathrm{H}}(\rho\boldsymbol{h}_{\mathrm{b,b}}^{\mathrm{H}}\boldsymbol{W}_k\boldsymbol{h}_{\mathrm{b,b}})\boldsymbol{q}+\sigma_\mathrm{b}^2\left\|\boldsymbol{q}_k\right\|^2} \tag{4-4}$$

$$\Upsilon_{i,k}=\frac{p_k\left\|\boldsymbol{h}_{\mathrm{r},i}^{\mathrm{H}}\boldsymbol{\Phi}_k\boldsymbol{h}_{k,\mathrm{r}}+\boldsymbol{h}_{k,i}\right\|^2}{\boldsymbol{H}_{\mathrm{b},i}^{\mathrm{H}}\boldsymbol{W}_k\boldsymbol{H}_{\mathrm{b},i}+\sigma_i^2} \tag{4-5}$$

其中，$\boldsymbol{q}_k^{\mathrm{H}} \in \mathbb{C}^{1\times M_\mathrm{r}}$ 表示 BS 的接收向量，满足 $\left\|\boldsymbol{q}_k\right\|=1$，$\boldsymbol{H}_{\mathrm{b},i}^{\mathrm{H}}=\boldsymbol{h}_{\mathrm{r},i}^{\mathrm{H}}\boldsymbol{\Phi}_k\boldsymbol{h}_{\mathrm{b,r}}+\boldsymbol{h}_{\mathrm{b},i}^{\mathrm{H}}$。本章忽略了 AN 被 IRS 反射对 BS 造成的影响，因为它与全双工 BS 的自干扰相比很小，可忽略。

为了使用户 k 的安全卸载速率和能效最大，应该满足 $R_{t,k}=C_{t,k}=\mathrm{lb}(1+\Upsilon_{\mathrm{b},k})$，$R_{s,k}=R_{t,k}-C_{i,k}$，因此用户 k 可达安全卸载速率 $R_{s,k}$ 表示为

$$R_{s,k}=\mathrm{lb}(1+\Upsilon_{\mathrm{b},k})-\max_{i} C_{i,k} \tag{4-6}$$

用户 k 的卸载量和安全卸载速率之间的关系满足

$$R_{s,k}\geqslant\frac{L_k-l_k}{Bt_k} \tag{4-7}$$

4.2.2 安全计算速率最大化

K 个用户总的能耗为

$$E=\sum_{k=1}^{K}\frac{\xi_k c_k{}^3 l_k^3}{T^2}+p_k t_k \tag{4-8}$$

优化问题表示为问题（P4-1）

$$\text{（P4-1）：}\quad \min_{t_k,p_k,l_k,\boldsymbol{q}_k,\boldsymbol{W}_k,\boldsymbol{\Phi}_k}\sum_{k=1}^{K}\frac{\xi_k c_k{}^3 l_k^3}{T^2}+p_k t_k \tag{4-9}$$

$$\text{s.t.}\quad R_{s,k} \geqslant \frac{L_k - l_k}{Bt_k}, \forall k \in \mathcal{K} \tag{4-9a}$$

$$0 \leqslant p_k \leqslant P_k^{\max}, \forall k \in \mathcal{K} \tag{4-9b}$$

$$0 \leqslant t_k \leqslant \frac{T}{k}, \forall k \in \mathcal{K} \tag{4-9c}$$

$$0 \leqslant l_k \leqslant l_k^{\max}, \forall k \in \mathcal{K} \tag{4-9d}$$

$$\|\boldsymbol{q}_k\|^2 = 1, \forall k \in \mathcal{K} \tag{4-9e}$$

$$\mathrm{Tr}(\boldsymbol{W}_k) \leqslant P_{\mathrm{B}}^{\max}, \boldsymbol{W}_k \succcurlyeq \boldsymbol{0}, \forall k \in \mathcal{K} \tag{4-9f}$$

$$|\exp(\mathrm{j}\phi_{k,n})| = 1, \forall n \in \mathcal{N}, \forall k \in \mathcal{K} \tag{4-9g}$$

其中，$\boldsymbol{t} \in [t_1, t_2, \cdots, t_K]$，$\boldsymbol{p} \in [p_1, p_2, \cdots, p_K]$，$\boldsymbol{l} \in [l_1, l_2, \cdots, l_K]$，$\boldsymbol{q} \in [\boldsymbol{q}_1, \boldsymbol{q}_2, \cdots, \boldsymbol{q}_K]$，$\boldsymbol{W} \in [\boldsymbol{W}_1, \boldsymbol{W}_2, \cdots, \boldsymbol{W}_K]$，$\boldsymbol{\Phi} \in [\boldsymbol{\Phi}_1, \boldsymbol{\Phi}_2, \cdots, \boldsymbol{\Phi}_K]$，$P_k^{\max}$ 和 $P_{\mathrm{B}}^{\max}$ 分别是用户 k 和 BS 的最大发射功率。式（4-9a）确保卸载的任务量 $L_k - l_k$ bit 能在 t_k 时间内卸载完，式（4-9b）、式（4-9c）和式（4-9d）分别是用户的最大发射功率约束、最大卸载时间约束和本地计算最大任务量约束，式（4-9e）是 BS 的接收波束成形向量约束，（4-9f）是 BS 发送 AN 向量的最大功率约束，（4-9g）是 IRS 的反射相移矩阵约束。

因为本节采用等时隙的 TDMA 协议卸载用户的信息，卸载过程中 K 个用户是相互独立的，所以可以将问题（P4-1）简化成问题（P4-2）。

$$\text{(P4-2)：}\quad \min_{p_k, l_k, \boldsymbol{q}_k, \boldsymbol{W}_k, \boldsymbol{\Phi}_k} \sum_{k=1}^{K} \frac{\xi_k {c_k}^3 {l_k}^3}{T^2} + p_k t_k \tag{4-10}$$

$$\text{s.t.}\quad R_{s,k} \geqslant \frac{L_k - l_k}{Bt_k} \tag{4-10a}$$

$$0 \leqslant p_k \leqslant P_k^{\max} \tag{4-10b}$$

$$0 \leqslant t_k \leqslant \frac{T}{k} \tag{4-10c}$$

$$0 \leqslant l_k \leqslant l_k^{\max} \tag{4-10d}$$

$$\|\boldsymbol{q}_k\|^2 = 1 \tag{4-10e}$$

$$\mathrm{Tr}(\boldsymbol{W}_k) \leqslant P_{\mathrm{B}}^{\max}, \boldsymbol{W}_k \succcurlyeq \boldsymbol{0} \tag{4-10f}$$

$$|\exp(\mathrm{j}\phi_{k,n})| = 1, \forall n \in \mathcal{N} \tag{4-10g}$$

在式（4-10a）中，$t_k \leqslant \dfrac{L_k - l_k}{BR_{s,k}}$，观察到当取“=”时目标函数最小，因此

$t_k^*=\dfrac{L_k-l_k}{BR_{s,k}}$，将其代入目标函数中得到问题（P4-3）。

$$\text{(P4-3)}: \min_{t_k, p_k, l_k, \boldsymbol{q}_k, \boldsymbol{W}_k, \boldsymbol{\Phi}_k} \sum_{k=1}^{K} \frac{\xi_k c_k^3 l_k^3}{T^2} + p_k \frac{L_k - l_k}{BR_{s,k}} \tag{4-11}$$

$$\text{s.t.} \quad P_k^{\min} \leqslant p_k \leqslant P_k^{\max} \tag{4-11a}$$

$$0 \leqslant l_k \leqslant l_k^{\max} \tag{4-11b}$$

$$\|\boldsymbol{q}_k\|^2 = 1 \tag{4-11c}$$

$$\operatorname{Tr}(\boldsymbol{W}_k) \leqslant P_{\mathrm{B}}^{\max}, \quad \boldsymbol{W}_k \geqslant \boldsymbol{0} \tag{4-11d}$$

$$|\exp(\mathrm{j}\phi_{k,n})| = 1, \quad \forall n \in \mathcal{N} \tag{4-11e}$$

其中，$P_k^{\min}=\dfrac{2^{\frac{k(L_k-l_k)}{BT}}}{a_k-2^{\frac{k(L_k-l_k)}{BT}}\max\limits_i b_{i,k}}$，$a_k=\dfrac{\left\|\boldsymbol{q}_k^{\mathrm{H}}(\boldsymbol{h}_{\mathrm{r,b}}\boldsymbol{\Phi}_k\boldsymbol{h}_{k,\mathrm{r}}+\boldsymbol{h}_{k,\mathrm{b}})\right\|^2}{\boldsymbol{q}_k^{\mathrm{H}}(\rho\boldsymbol{h}_{\mathrm{b,b}}^{\mathrm{H}}\boldsymbol{W}_k\boldsymbol{h}_{\mathrm{b,b}})\boldsymbol{q}_k+\sigma_{\mathrm{b}}^2\|\boldsymbol{q}_k\|^2}$，

$b_{i,k}=\dfrac{\left\|\boldsymbol{h}_{\mathrm{r},i}\boldsymbol{\Phi}_k\boldsymbol{h}_{k,\mathrm{r}}+h_{k,i}\right\|^2}{\boldsymbol{H}_{\mathrm{b},i}^{\mathrm{H}}\boldsymbol{W}_k\boldsymbol{H}_{\mathrm{b},i}+\sigma_i^2}$。

问题（P4-3）是一个非凸问题，可以将其分解成几个容易求解的子问题，然后利用半定规划（Semi-Definite Programming，SDP）和半定松弛（Semi-Definite Relaxation，SDR）算法求得 BS 接收波束成形向量 $\boldsymbol{q}_k^*$、AN 向量 $\boldsymbol{W}_k^*$ 和 IRS 的反射相移矩阵 $\boldsymbol{\Phi}_k^*$，利用 Dinkelbach 法求得 p_k^* 和 l_k^*，具体求解步骤如下。

为了简化符号，定义 $\boldsymbol{v}_k^{\mathrm{H}}=\left[v_{k,1},v_{k,2},\cdots,v_{k,N},1\right]\in\mathbb{C}^{1\times(N+1)}$，其中 $v_{k,n}=\exp(\mathrm{j}\phi_{k,n})$。$\boldsymbol{f}_k=\left[\boldsymbol{h}_{\mathrm{r,b}}\operatorname{diag}(\boldsymbol{h}_{k,\mathrm{r}})\quad \boldsymbol{h}_{k,\mathrm{b}}\right]\in\mathbb{C}^{M_{\mathrm{r}}\times(N+1)}$，则 $\boldsymbol{h}_{\mathrm{r,b}}\boldsymbol{\Phi}_k\boldsymbol{h}_{k,\mathrm{r}}+\boldsymbol{h}_{k,\mathrm{b}}=\boldsymbol{f}_k\boldsymbol{v}_k$。类似地，$\boldsymbol{e}_{i,k}=\begin{bmatrix}\operatorname{diag}(\boldsymbol{h}_{\mathrm{r},i}^{\mathrm{H}})\boldsymbol{h}_{k,\mathrm{r}}\\ h_{k,i}\end{bmatrix}\in\mathbb{C}^{(N+1)\times1}$，则 $\boldsymbol{h}_{\mathrm{r},i}^{\mathrm{H}}\boldsymbol{\Phi}_k\boldsymbol{h}_{k,\mathrm{r}}+h_{k,i}=\boldsymbol{v}_k^{\mathrm{H}}\boldsymbol{e}_{i,k}$。$\boldsymbol{g}_{i,k}=\begin{bmatrix}\operatorname{diag}(\boldsymbol{h}_{\mathrm{r},i}^{\mathrm{H}})\boldsymbol{h}_{\mathrm{b,r}}\\ \boldsymbol{h}_{\mathrm{b},i}^{\mathrm{H}}\end{bmatrix}\in\mathbb{C}^{(N+1)\times M_{\mathrm{t}}}$，则 $\boldsymbol{h}_{\mathrm{r},i}^{\mathrm{H}}\boldsymbol{\Phi}_k\boldsymbol{h}_{\mathrm{b,r}}+\boldsymbol{h}_{\mathrm{b},i}^{\mathrm{H}}=\boldsymbol{v}_k^{\mathrm{H}}\boldsymbol{g}_{i,k}$。

第一步，给定 p_k 和 l_k，优化 $\boldsymbol{q}_k$，$\boldsymbol{W}_k$，$\boldsymbol{\Phi}_k$。

在给定 p_k 和 l_k 的情况下，问题（P4-3）可以表示成问题（P4-4）

$$\text{(P4-4)}: \min_{\boldsymbol{q}_k, \boldsymbol{W}_k, \boldsymbol{v}_k} R_{s,k} = \operatorname{lb}(1+\varUpsilon_{\mathrm{b},k}) - \max_i\left(\operatorname{lb}(1+\varUpsilon_{i,k})\right) \tag{4-12}$$

$$\text{s.t.} \quad \|\boldsymbol{q}_k\|^2 = 1 \tag{4-12a}$$

$$\operatorname{Tr}(\boldsymbol{W}_k) \leqslant P_{\mathrm{B}}^{\max}, \boldsymbol{W}_k \geqslant \boldsymbol{0} \tag{4-12b}$$

$$\left|\exp(\mathrm{j}\phi_{k,n})\right|=1,\forall n\in\mathcal{N} \tag{4-12c}$$

其中，$\Upsilon_{\mathrm{b},k}=\dfrac{p_k\left\|\boldsymbol{q}_k^{\mathrm{H}}\boldsymbol{f}_k\boldsymbol{V}_k\right\|^2}{\boldsymbol{q}_k^{\mathrm{H}}(\rho\boldsymbol{h}_{\mathrm{b,b}}^{\mathrm{H}}\boldsymbol{W}_k\boldsymbol{h}_{\mathrm{b,b}})\boldsymbol{q}_k+\sigma_{\mathrm{b}}^2\left\|\boldsymbol{q}_k\right\|^2}$，$\Upsilon_{i,k}=\dfrac{p_k\left\|\boldsymbol{v}_k^{\mathrm{H}}\boldsymbol{e}_{i,k}\right\|^2}{\boldsymbol{v}_k^{\mathrm{H}}\boldsymbol{g}_{i,k}\boldsymbol{W}_k\boldsymbol{g}_{i,k}^{\mathrm{H}}\boldsymbol{v}_k+\sigma_i^2}$。

然而，$\boldsymbol{q}_k,\boldsymbol{W}_k,\boldsymbol{V}_k$ 这 3 个变量仍然是耦合的，但是可以发现当固定其中两个变量时，问题是关于另一个变量的凸问题，因此先固定其中两个变量求解另一个变量，最后利用迭代的方法求出最优解。定义矩阵 $\boldsymbol{Q}_k=\boldsymbol{q}_k\boldsymbol{q}_k^{\mathrm{H}}$，$\boldsymbol{V}_k=\boldsymbol{v}_k\boldsymbol{v}_k^{\mathrm{H}}$，它们满足 $\boldsymbol{Q}_k\geqslant\boldsymbol{0}$，$\boldsymbol{V}_k\geqslant\boldsymbol{0}$ 以及 $\mathrm{rank}(\boldsymbol{Q}_k)=1$，$\mathrm{rank}(\boldsymbol{V}_k)=1$。

（1）首先，给定 $\boldsymbol{V}_k$ 和 $\boldsymbol{Q}_k$ 来优化 $\boldsymbol{W}_k$。

$$\text{(P4-4-1)}:\max_{\boldsymbol{W}_k}\ \mathrm{lb}\left(1+\frac{p_k\mathrm{Tr}(\boldsymbol{f}_k\boldsymbol{V}_k\boldsymbol{f}_k^{\mathrm{H}}\boldsymbol{Q}_k)}{\mathrm{Tr}((\rho\boldsymbol{h}_{\mathrm{b,b}}^{\mathrm{H}}\boldsymbol{W}_k\boldsymbol{h}_{\mathrm{b,b}}+\sigma_{\mathrm{b}}^2\mathbf{I}_M)\boldsymbol{Q}_k)}\right)-\max_i\mathrm{lb}\left(1+\frac{p_k\mathrm{Tr}(\boldsymbol{E}_{i,k}\boldsymbol{V}_k)}{\mathrm{Tr}(\boldsymbol{g}_{i,k}\boldsymbol{W}_k\boldsymbol{g}_{i,k}^{\mathrm{H}}\boldsymbol{V}_k)+\sigma_i^2}\right)$$

$$\text{s.t.}\quad \mathrm{Tr}(\boldsymbol{W}_k)\leqslant P_{\mathrm{B}}^{\max},\boldsymbol{W}_k\geqslant\boldsymbol{0},\forall k\in\mathcal{K} \tag{4-13}$$

其中，$\boldsymbol{E}_{i,k}=\boldsymbol{e}_{i,k}\boldsymbol{e}_{i,k}^{\mathrm{H}}$。

利用定理 4-1 将问题（P4-4-1）的目标函数变成凹函数。

定理 4-1 对于函数 $y(\mu)=-\mu x+\ln\mu+1$，$\forall x>0$，有 $-\ln x=\max\limits_{\mu>0}y(\mu)$，并且最优解为 $\mu=\dfrac{1}{x}$。该定理给出了 $y(\mu)$ 的上界，并且仅当 $\mu=\dfrac{1}{x}$ 时达到上界。

因此问题（P4-4-1）的目标函数的第一项可以写为

$$\begin{aligned}&\frac{1}{\ln 2}\ln\left(\mathrm{Tr}((\rho\boldsymbol{h}_{\mathrm{b,b}}^{\mathrm{H}}\boldsymbol{W}_k\boldsymbol{h}_{\mathrm{b,b}}+\sigma_{\mathrm{b}}^2\mathbf{I}_M)\boldsymbol{Q}_k)+p_k\mathrm{Tr}(\boldsymbol{f}_k\boldsymbol{V}_k\boldsymbol{f}_k^{\mathrm{H}}\boldsymbol{Q}_k)\right)-\\&\frac{1}{\ln 2}\ln\left(\mathrm{Tr}((\rho\boldsymbol{h}_{\mathrm{b,b}}^{\mathrm{H}}\boldsymbol{W}_k\boldsymbol{h}_{\mathrm{b,b}}+\sigma_{\mathrm{b}}^2\mathbf{I}_M)\boldsymbol{Q}_k)\right)=\frac{1}{\ln 2}\max_{\mu_{w,k}>0}y_{w,k}\left(\boldsymbol{W}_k,\mu_{w,k}\right)\end{aligned} \tag{4-14}$$

其中，

$$\begin{aligned}y_{w,k}\left(\boldsymbol{W}_k,\mu_{w,k}\right)=&\ln\left(\mathrm{Tr}((\rho\boldsymbol{h}_{\mathrm{b,b}}^{\mathrm{H}}\boldsymbol{W}_k\boldsymbol{h}_{\mathrm{b,b}}+\sigma_{\mathrm{b}}^2\mathbf{I}_M)\boldsymbol{Q}_k)+p_k\mathrm{Tr}(\boldsymbol{f}_k\boldsymbol{V}_k\boldsymbol{f}_k^{\mathrm{H}}\boldsymbol{Q}_k)\right)-\\&\mu_{w,k}\left(\mathrm{Tr}((\rho\boldsymbol{h}_{\mathrm{b,b}}^{\mathrm{H}}\boldsymbol{W}_k\boldsymbol{h}_{\mathrm{b,b}}+\sigma_{\mathrm{b}}^2\mathbf{I}_M)\boldsymbol{Q}_k)\right)+\ln\left(\mu_{w,k}\right)+1\end{aligned}$$

同理，问题（P4-4-1）的目标函数的第二项可以写为

$$\begin{aligned}&\frac{1}{\ln 2}\ln\left(\mathrm{Tr}(\boldsymbol{g}_{i,k}\boldsymbol{W}_k\boldsymbol{g}_{i,k}^{\mathrm{H}}\boldsymbol{V}_k)+\sigma_i^2+p_k\mathrm{Tr}(\boldsymbol{E}_{i,k}\boldsymbol{V}_k)\right)-\\&\frac{1}{\ln 2}\ln(\mathrm{Tr}(\boldsymbol{g}_{i,k}\boldsymbol{W}_k\boldsymbol{g}_{i,k}^{\mathrm{H}}\boldsymbol{V}_k)+\sigma_i^2)=\frac{1}{\ln 2}\max_{\mu_{w,i,k}>0}y_{w,i,k}\left(\boldsymbol{W}_k,\mu_{w,i,k}\right)\end{aligned} \tag{4-15}$$

其中，$\mu_{w,i,k}$ 可根据定理 4-1 获得。

通过忽略常数项$\frac{1}{\ln 2}$，并应用极小极大理论，问题（P4-4-1）可以表示为问题（P4-4-2）

$$\text{(P4-4-2)}: \max_{\boldsymbol{W}_k,\mu_{w,k},\mu_{w,i,k}} y_{w,k}(\boldsymbol{W}_k,\mu_{w,k}) - \max_i y_{w,i,k}(\boldsymbol{W}_k,\mu_{w,i,k}) \tag{4-16}$$

$$\text{s.t.}\quad \mathrm{Tr}(\boldsymbol{W}_k) \leqslant P_{\mathrm{B}}^{\max}, \boldsymbol{W}_k \geqslant \boldsymbol{0} \tag{4-16a}$$

$$\mu_{w,k} > 0, \mu_{w,i,k} > 0 \tag{4-16b}$$

其中，最优值为 $\mu^*_{w,k} = (\mathrm{Tr}((\rho \boldsymbol{h}_{\mathrm{b,b}}^{\mathrm{H}} \boldsymbol{W}_k \boldsymbol{h}_{\mathrm{b,b}} + \sigma_{\mathrm{b}}^2 \mathbf{I}_M)\boldsymbol{Q}_k))^{-1}$，$\mu^*_{w,i,k} = (\mathrm{Tr}(\boldsymbol{g}_{i,k} \boldsymbol{W}_k \boldsymbol{g}_{i,k}^{\mathrm{H}} \boldsymbol{V}_k) + \sigma_i^2 + p_k \mathrm{Tr}(\boldsymbol{E}_{i,k}\boldsymbol{V}_k))^{-1}$。

把（$\mu^*_{w,k}, \mu^*_{w,i,k}$）代入问题（P4-4-2）的目标函数中，并引入松弛变量 $l_{w,k}$ 得到问题（P4-4-3）

$$\text{(P4-4-3)}: \max_{\boldsymbol{W}_k, l_{w,k}} y_{w,k}(\boldsymbol{W}_k, \mu^*_{w,k}) - l_{w,k} \tag{4-17}$$

$$\text{s.t.}\ y_{w,i,k}(\boldsymbol{W}_k, \mu^*_{w,i,k}) \leqslant l_{w,k},\ k = 1,2,\cdots,N \tag{4-17a}$$

$$\mathrm{Tr}(\boldsymbol{W}_k) \leqslant P_{\mathrm{B}}^{\max}, \boldsymbol{W}_k \geqslant \boldsymbol{0} \tag{4-17b}$$

这样，问题（P4-4-3）就转换成一个标准 SDP 问题，所以可以用凸优化工具包 CVX 求解。

（2）同理，给定$\boldsymbol{W}_k$和$\boldsymbol{V}_k$求解$\boldsymbol{Q}_k^*$，给定$\boldsymbol{Q}_k$和$\boldsymbol{W}_k$求解$\boldsymbol{V}_k^*$的方法与求解$\boldsymbol{W}_k^*$的方法类似，都是利用定理 4-1 将目标函数近似成凹函数，将问题近似成凸问题，但在这两种情况下的约束 $\mathrm{rank}(\boldsymbol{Q}_k) = 1$，$\mathrm{rank}(\boldsymbol{V}_k) = 1$ 是非凸的，因此使用 SDR 算法松弛秩为 1 的约束，将其转换成标准 SDP 问题，再利用 CVX 求解$\boldsymbol{Q}_k^*$和$\boldsymbol{V}_k^*$，最后利用特征值分解或者高斯随机的方法求出$\boldsymbol{q}_k^*$, $\boldsymbol{v}_k^*$。

第二步，给定$\boldsymbol{q}_k, \boldsymbol{W}_k, \boldsymbol{v}_k$，优化 p_k 和 l_k。

（1）给定 l_k 求解 p_k^*

在给定$\boldsymbol{q}_k, \boldsymbol{W}_k, \boldsymbol{v}_k$时，$p_k$ 和 l_k 仍然是相互耦合的，因此先固定 l_k，优化 p_k，则问题（P4-3）可以表示为问题（P4-5）

$$\text{(P4-5)}: \min_{p_k} \frac{L_k - l_k}{B} \frac{p_k}{\mathrm{lb}(1 + p_k a_k) - \max\limits_i \left(\mathrm{lb}(1 + p_k b_{i,k})\right)} \tag{4-18}$$

$$\text{s.t.}\quad P_k^{\min} \leqslant p_k \leqslant P_k^{\max} \tag{4-18a}$$

该问题仍然是一个非凸问题，可以采用 Dinkelbach 方法将分式结构变成整式结构，引入参数η，问题（P4-5）的目标函数可以表示为

$$\frac{L_k-l_k}{B}\left(p_k\eta-\text{lb}\left(\frac{1+p_ka_k}{1+p_k\max\limits_i b_{i,k}}\right)\right) \tag{4-19}$$

其中，$\eta=\dfrac{\text{lb}(1+p_ka_k)-\max\limits_i\left(\text{lb}(1+p_kb_{i,k})\right)}{p_k}$。

于是，求得最优值为

$$p_k^*=\begin{cases}p_k', P_k^{\min}<p_k'<P_k^{\max}\\ P_k^{\min},\ P_k^{\min}\geqslant p_k'\\ P_k^{\max}, P_k^{\max}\leqslant p_k'\end{cases} \tag{4-20}$$

其中，$P_k^{\min}=\dfrac{2^{\frac{k(L_k-l_k)}{BT}}}{a_k-2^{\frac{k(L_k-l_k)}{BT}}\max\limits_i b_{i,k}}$，表示用户 k 在时间$\dfrac{T}{k}$内卸载完 L_k-l_k bit 任务量所需的最小功率；$p_k'=\dfrac{-\left(a_k+\max\limits_i b_{i,k}\right)+\sqrt{\left(a_k+\max\limits_i b_{i,k}\right)^2-4a_k\max\limits_i b_{i,k}\left(1-\dfrac{a_k-2^{\frac{k(L_k-l_k)}{BT}}\max\limits_i b_{i,k}}{\eta\ln 2}\right)}}{a_k-2^{\frac{k(L_k-l_k)}{BT}}\max\limits_i b_{i,k}}$。

（2）给定 p_k 求解 l_k^*

根据式（4-19），可以从下面两种情况求解 l_k^*。

情况 1　$p_k^*=p_k'$ 或者 $p_k^*=P_k^{\max}$

在这种情况下，p_k 和 l_k 是相互独立的，因此可以很容易求解出 $l_k=\sqrt{\dfrac{p_k^*T^2}{3BR_{s,k}\xi_kc_k^3}}$，因此 $l_k^*=\min\left(\sqrt{\dfrac{p_k^*T^2}{3BR_{s,k}\xi_kc_k^3}},l_k^{\max}\right)$。

情况 2　$p_k^*=P_k^{\min}$

在这种情况下，$p_k^*=P_k^{\min}$ 等价于 $R_{s,k}=\dfrac{k(L_k-l_k)}{BT}$ 和 $t_k^*=\dfrac{T}{k}$，因此可以通过求解问题（P4-5-1）获得 l_k^*。

$$(\text{P4-5-1}):\ \min_{l_k}\quad \frac{\xi_k {c_k}^3 {l_k}^3}{T^2}+\frac{2^{\frac{k(L_k-l_k)}{BT}}-1}{a_k-2^{\frac{k(L_k-l_k)}{BT}}\max\limits_k(b_{i,k})}\frac{T}{k} \tag{4-21}$$

$$\text{s.t.}\quad 0\leqslant l_k\leqslant l_k^{\max} \tag{4-21a}$$

定义$H=\frac{\xi_k {c_k}^3 {l_k}^3}{T^2}+\frac{2^{\frac{k(L_k-l_k)}{BT}}-1}{a_k-2^{\frac{k(L_k-l_k)}{BT}}\max\limits_k(b_{i,k})}\frac{T}{k}$，由$\frac{\partial^2 H}{\partial l^2}>0$可知该问题是一个凸问题，于是令$\frac{\partial H}{\partial l}=0$极值点，最终得到$l_k^*=(l_0,l_k^{\max})$。其中$l_0$为用二分法求解$\frac{3\xi_k c_k^3 l_0^3}{T^2}=\frac{\ln 2\left(a_k-\max\limits_i(b_{i,k})\right)2^{\frac{k(L-l_0)}{BT}}}{B\left(a_k-\max\limits_i(b_{i,k})2^{\frac{k(L-l_0)}{BT}}\right)^2}$的根。

这样可以求出每个子问题的最优值，最后通过迭代的方法求出各个变量的最优值，使系统的安全能耗最小，具体如算法 4-1 和算法 4-2 所示。

算法 4-1　求解问题（P4-4）的迭代优化算法

1) 输入$P_{\mathrm{B}}^{\max},p_k,\rho,\boldsymbol{f}_k,\boldsymbol{h}_{\mathrm{b,b}},\boldsymbol{g}_k,\boldsymbol{E}_{i,k}$
2) 初始化$\boldsymbol{q}_k^{(0)},\boldsymbol{W}_k^{(0)},\boldsymbol{v}_k^{(0)},\mu_{q,k}^{(0)},\mu_{w,k}^{(0)},\mu_{w,i,k}^{(0)},\mu_{v,i,k}^{(0)}$
3) 设置迭代次数$r=1$
4) 　　在给定$\boldsymbol{q}_k^{(r)},\boldsymbol{v}_k^{(r-1)},\mu_{w,k}^{(r-1)},\mu_{w,i,k}^{(r-1)}$的条件下，利用 CVX 求解问题（P4-4-3）得到$\boldsymbol{W}_k^{(r)},\mu_{w,k}^{(r)},\mu_{w,i,k}^{(r)}$
5) 　　同理，在给定$\boldsymbol{W}_k^{(r-1)},\boldsymbol{v}_k^{(r-1)},\mu_{q,k}^{(r-1)}$的条件下，利用 CVX 求解得到$\boldsymbol{q}_k^{(r)},\mu_{q,k}^{(r)}$
6) 　　在给定$\boldsymbol{q}_k^{(r)},\boldsymbol{W}_k^{(r)},\mu_{v,i,k}^{(r-1)}$的条件下，利用 CVX 求解得到$\boldsymbol{v}_k^{(r)},\mu_{v,k}^{(r)}$
7) 更新$r=r+1$
8) 直到问题（P4-4）的目标函数收敛
9) 输出$\boldsymbol{q}_k^*,\boldsymbol{W}_k^*,\boldsymbol{v}_k^*$

算法 4-2　求解问题（P4-5）的迭代优化算法

1) 输入$T,P_{\mathrm{B}}^{\max},\rho,\boldsymbol{f}_k,\boldsymbol{h}_{\mathrm{b,b}},\boldsymbol{g}_k,\boldsymbol{E}_{i,k},l_k^{\max},L_k,\xi_k,c_k,\varepsilon$
2) 初始化$p_k^{(0)},l_k^{(0)},\eta^{(0)}$
3) 设置迭代次数$j=1$
4) 　　利用算法 4-1 得到$\boldsymbol{q}_k^{(j)},\boldsymbol{W}_k^{(j)},\boldsymbol{v}_k^{(j)}$

5)　利用式（4-20）获得 $p_k^{(j)}$

6)　根据 l_k^* 的计算式求得 $l_k^{(j)}$，并求出 t_k^*

7)　更新 $\eta(j)=\dfrac{\mathrm{lb}\left(1+p_k^{(j)}a_k^{(j)}\right)-\max\limits_i \mathrm{lb}\left(1+p_k^{(j)}b_{i,k}^{(j)}\right)}{p_k^{(j)}}$，计算目标函数 $E_k^{(j)}$

8) 更新 $j=j+1$

9) 直到 $\left|E_k^{(j)}-E_k^{(j-1)}\right|\leqslant\varepsilon$

10) 输出 $p_k^*,l_k^*,t_k^*,\boldsymbol{q}_k^*,\boldsymbol{W}_k^*,\boldsymbol{v}_k^*$

4.2.3　仿真结果与分析

本节给出了数值模拟结果来验证所提出的方案。仿真参数设置为 $M_\mathrm{t}=M_\mathrm{r}=4$，$I=5$，$\sigma_\mathrm{b}^2=\sigma_i^2=10^{-12}$ dB，$B=1$ MHz，$T=1$ s，$C_k=10^3$ cycle/bit，$\xi_k=10^{-28}$，$L_k=2\times10^5$ bit，$l_k^{\max}=4\times10^4$ bit，$P_k^{\max}=0.01$ W，$P_\mathrm{B}^{\max}=0.1$ W。采用三维笛卡儿坐标，如图 4-2 所示，用户、基站、IRS 的位置分别为（3,50,0）、（5,0,20）、（0,y,10），5 个 Eve 的位置分布于（2,−5,0）到（2,5,0）之间。所有的通道都满足 $h_{x,y}=\sqrt{L_0 d_{x,y}^{\ -\beta_{x,y}}}\boldsymbol{g}_{x,y}$，其中，$L_0=-30$ dB 为参考距离 d=1m 处的路径损耗，$d_{x,y}$、$\beta_{x,y}$ 和 $\boldsymbol{g}_{x,y}$ 分别为节点 x 与 y 之间的距离、路径损耗指数和小尺度衰落分量，其中 $x\in\{k,\mathrm{r},\mathrm{b}\}$，$y\in\{i,\mathrm{r},\mathrm{b}\}$。用户到 BS、用户到 Eve、用户到 IRS、IRS 到 BS、IRS 到 Eve、从 BS 到 IRS、BS 到 Eve 的路径损失指数分别为 $\beta_{k,\mathrm{b}}=5$、$\beta_{k,i}=5$、$\beta_{k,\mathrm{r}}=2.5$、$\beta_{\mathrm{r,b}}=2.5$、$\beta_{\mathrm{r},i}=2.5$、$\beta_{\mathrm{b,r}}=2.5$、$\beta_{\mathrm{b},i}=2.5$。

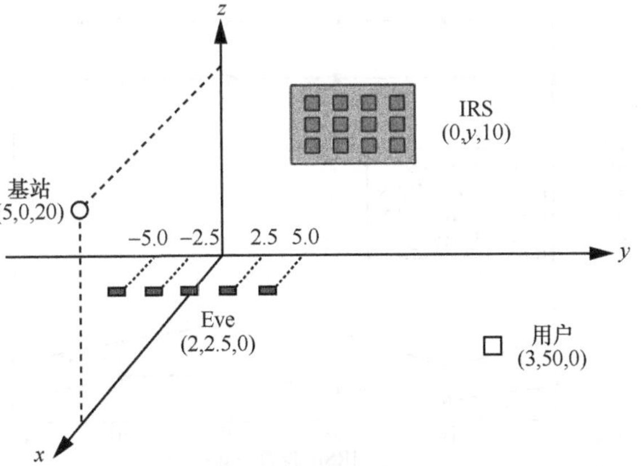

图 4-2　仿真模型位置

为了验证所提方案的优越性，本节提出了 3 种比较方案，即有 IRS 无 AN、无 IRS 有 AN 以及无 IRS 无 AN。首先证明算法的收敛性，如图 4-3 所示。从图 4-3 中可以看出，安全能耗先下降，然后收敛到一个固定值。

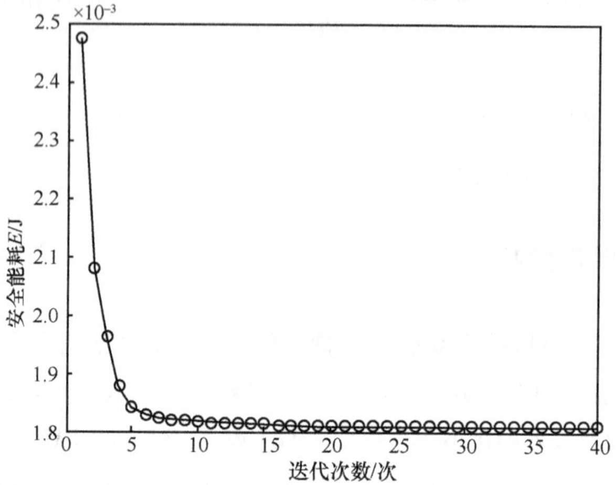

图 4-3　算法收敛性

安全能耗与 IRS 位置的关系如图 4-4 所示。通过调整 IRS 的 y 坐标值来改变 IRS 的位置，y 坐标值越小，IRS 离 BS 越近，反之，IRS 离用户越近。从图 4-4 中可以看出，所提方案能耗最小，优于其他 3 种方案。当 10 m$<y<$50 m 时，用户的安全能耗先增大后减少，当 y=30 m 时，用户的能源消耗大，表明 IRS 接近用户或 BS 时，系统性能较好；当 IRS 位于用户和 BS 之间的位置时，系统性能最差。因此，为了降低能耗，最好将 IRS 部署在靠近用户或 BS 的地方。

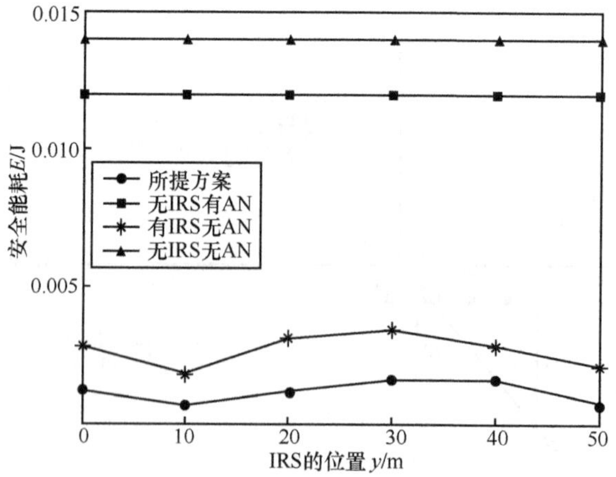

图 4-4　安全能耗与 IRS 位置的关系

用户的安全能耗与 IRS 中反射元件数量 N 的关系如图 4-5 所示。从图 4-5 中可以看出，所提方案的性能优于其他 3 种方案，且用户的能耗随着 N 的增加而降低，即 N 越大，IRS 带来的性能越好。此外，有 IRS 无 AN 方案的能耗和所提方案是相似的，这表明当 N 过大（如 N=80）时，BS 不发送 AN 也可以达到所提方案的效果，或者当 N 变大时，BS 不需要发送 AN。

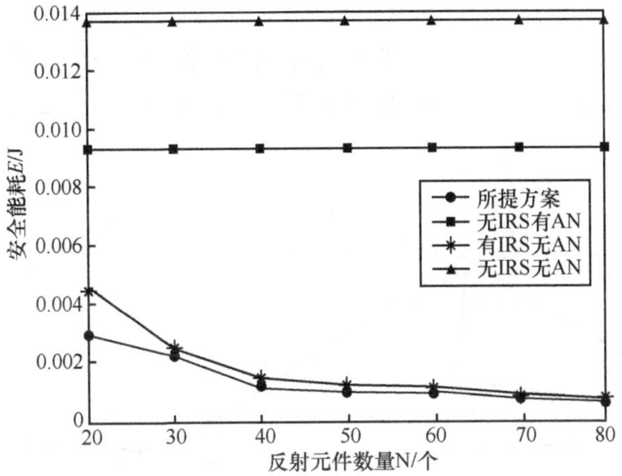

图 4-5　安全能耗与反射元件数量 N 的关系

用户的安全能耗与 BS 自干扰系数 ρ 的关系如图 4-6 所示。从图 4-6 中可以看出，随着 ρ 的增加，用户的安全能耗也在增加，这是很容易理解的，因为 ρ 越大，对 BS 的自干扰就越大，为了提高安全性，用户需要消耗更多的能量。此外，与其他 3 种方案相比，所提方案显著降低了用户能耗，提高了系统性能。

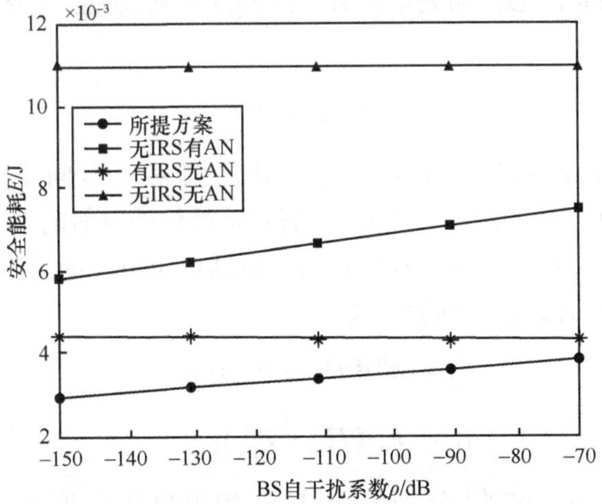

图 4-6　安全能耗与 BS 自干扰系数 ρ 的关系

4.3 无线能量传输 IRS 系统性能优化

4.3.1 系统模型

如图 4-7 所示，基于人工噪声的 IRS-SWIPT 系统由一个装有 N_t 根天线的接入点（Access Point，AP）、一个装有 M 个反射元件的 IRS、一个单天线用户和一个单天线监听器组成。

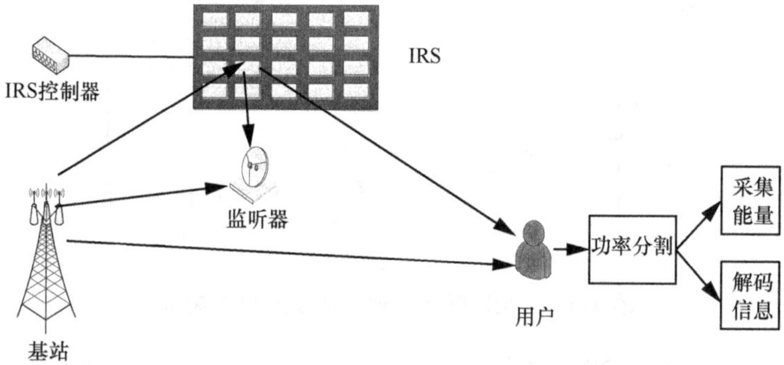

图 4-7 基于人工噪声的 IRS-SWIPT 系统模型

为了防止 AP 传输的信息被监听器解码，AN 将随信息信号一起传输。其中，用户采用功率分割（Power Splitting，PS）结构，对 AP 传输的信号进行解码信息（Information Decoding，ID）和采集能量（Energy Harvesting，EH），因此 AP 传输的信号可以表示为

$$x=\boldsymbol{\omega}_1 s+\boldsymbol{\omega}_2 a \tag{4-22}$$

其中，$\boldsymbol{\omega}_1\in\mathbb{C}^{N_t\times 1}$ 和 $\boldsymbol{\omega}_2\in\mathbb{C}^{N_t\times 1}$ 分别是基站处的波束成形向量，$s\sim\mathrm{CN}(0,1)$ 和 $a\sim\mathrm{CN}(0,1)$ 分别是信息信号和人工噪声。假设基站处的发射功率为 P_A，则可以得到约束 $\|\boldsymbol{\omega}_1\|+\|\boldsymbol{\omega}_2\|\leqslant P_A$。因此，在经过直传链路以及 IRS 的反射之后，在用户和监听器处接收到的信号可以分别表示为

$$y_U=(\boldsymbol{h}_{IU}^H\boldsymbol{\Phi}\boldsymbol{H}_{AI}+\boldsymbol{h}_{AU}^H)x+n_0 \tag{4-23}$$

$$y_E=(\boldsymbol{h}_{IE}^H\boldsymbol{\Phi}\boldsymbol{H}_{AI}+\boldsymbol{h}_{AE}^H)x+n_0 \tag{4-24}$$

其中，$\boldsymbol{h}_{IU}\in\mathbb{C}^{M\times 1}$ 和 $\boldsymbol{h}_{IE}\in\mathbb{C}^{M\times 1}$ 分别表示 IRS 到用户和监听器处的信道参数，$\boldsymbol{H}_{AI}\in\mathbb{C}^{M\times N_t}$ 表示基站到 IRS 的信道矩阵，$\boldsymbol{h}_{AU}\in\mathbb{C}^{N_t\times 1}$ 和 $\boldsymbol{h}_{AE}\in\mathbb{C}^{N_t\times 1}$ 分别表示基站到

用户和监听器处的信道参数，$n_0 \sim \mathrm{CN}(0,\sigma^2)$ 为加性白高斯噪声。除此之外，$\boldsymbol{\Phi} = \mathrm{diag}(\mathrm{e}^{\mathrm{j}\theta_1},\mathrm{e}^{\mathrm{j}\theta_2},\cdots,\mathrm{e}^{\mathrm{j}\theta_M})$ 表示 IRS 处的相移矩阵，其中，$\theta=[\theta_1,\cdots,\theta_M]$ 和 $\theta_m \in (0,2\pi)$ 为第 m 个 IRS 元件的相移。为了简单表示，定义 $\tilde{\boldsymbol{h}}_{\mathrm{U}}^{\mathrm{H}} = \boldsymbol{h}_{\mathrm{IU}}^{\mathrm{H}}\boldsymbol{\Phi}\boldsymbol{H}_{\mathrm{AI}} + \boldsymbol{h}_{\mathrm{AU}}^{\mathrm{H}}$ 和 $\tilde{\boldsymbol{h}}_{\mathrm{E}}^{\mathrm{H}} = \boldsymbol{h}_{\mathrm{IE}}^{\mathrm{H}}\boldsymbol{\Phi}\boldsymbol{H}_{\mathrm{AI}} + \boldsymbol{h}_{\mathrm{AE}}^{\mathrm{H}}$。因此，在监听器处接收信号的信干噪比可以表示为

$$\mathrm{SINR}_{\mathrm{E}} = \frac{|\tilde{\boldsymbol{h}}_{\mathrm{E}}^{\mathrm{H}}\boldsymbol{\omega}_1|^2}{|\tilde{\boldsymbol{h}}_{\mathrm{E}}^{\mathrm{H}}\boldsymbol{\omega}_2|^2+\sigma^2} \tag{4-25}$$

因为在用户处使用了功率分割技术，所以用户将接收信号划分为两部分，一部分用来解码信息，另一部分用来采集能量。用 ρ 表示功率分割系数，则用于解码信息的信号和用来采集能量的信号可以分别表示为

$$y_{\mathrm{U}}^{\mathrm{ID}} = \sqrt{\rho}\tilde{\boldsymbol{h}}_{\mathrm{U}}^{\mathrm{H}}x + \sqrt{\rho}n_0 + n_{\mathrm{ID}} \tag{4-26}$$

$$y_{\mathrm{U}}^{\mathrm{EH}} = \sqrt{1-\rho}\tilde{\boldsymbol{h}}_{\mathrm{U}}^{\mathrm{H}}x + \sqrt{1-\rho}n_0 \tag{4-27}$$

其中，$n_{\mathrm{ID}} \sim \mathrm{CN}(0,\sigma_{\mathrm{ID}}^2)$ 是在功率分割过程中产生的加性白高斯噪声。所以，用户处的信干噪比可以表示为

$$\mathrm{SINR}_{\mathrm{U}} = \frac{\rho|\tilde{\boldsymbol{h}}_{\mathrm{U}}^{\mathrm{H}}\boldsymbol{\omega}_1|^2}{\rho|\tilde{\boldsymbol{h}}_{\mathrm{U}}^{\mathrm{H}}\boldsymbol{\omega}_2|^2+\rho\sigma^2+\sigma_{\mathrm{ID}}^2} \tag{4-28}$$

可以更进一步地将用户和监听器处的信息速率表示为

$$R_{\mathrm{U}} = B\,\mathrm{lb}(1+\mathrm{SINR}_{\mathrm{U}}) \tag{4-29}$$

$$R_{\mathrm{E}} = B\,\mathrm{lb}(1+\mathrm{SINR}_{\mathrm{E}}) \tag{4-30}$$

其中，B 为系统带宽。此外，用 η 表示采集能量过程中的损耗，则用户采集到的能量可以表示为

$$E_{\mathrm{U}} = \eta(1-\rho)[|\tilde{\boldsymbol{h}}_{\mathrm{U}}^{\mathrm{H}}\boldsymbol{\omega}_1|^2+|\tilde{\boldsymbol{h}}_{\mathrm{U}}^{\mathrm{H}}\boldsymbol{\omega}_2|^2+\sigma^2] \tag{4-31}$$

因此，系统的安全速率可以表示为 $R_{\mathrm{sec}} = [R_{\mathrm{U}} - R_{\mathrm{E}}]^+$，其中 $[x]^+ = \max(x,0)$，$[R_{\mathrm{U}} - R_{\mathrm{E}}]^+ = \max(R_{\mathrm{U}} - R_{\mathrm{E}},0)$。

4.3.2　系统安全速率最大化

本节的目标是通过联合优化波束成形矩阵 $\boldsymbol{\omega}_1$ 和 $\boldsymbol{\omega}_2$、功率分割系数 ρ、相移 θ 来最大限度地提高系统的安全率。因此，优化问题的表达式为

$$
\begin{aligned}
（\text{P4-6}）:\ &\max_{\omega_1,\omega_2,\rho,\theta}[R_{\mathrm{U}}-R_{\mathrm{E}}]^{+} \\
\text{s.t.}\ &\mathrm{C1}: \|\boldsymbol{\omega}_1\|+\|\boldsymbol{\omega}_2\| \leqslant P_{\mathrm{A}} \\
&\mathrm{C2}: E_{\mathrm{U}} \geqslant E_{\mathrm{req}} \\
&\mathrm{C3}: 0<\rho<1 \\
&\mathrm{C4}: 0 \leqslant \theta_m \leqslant 2\pi, \forall m
\end{aligned}
$$

其中，C1 是基站的传输功率限制，C2 是用户采集能量的阈值限制，C3 是用户功率分割系数的范围限制，C4 是 IRS 元件的相移范围限制。

为了求出问题中各个变量的最优解，需要在固定其他变量的前提下，分别对每个变量的优化问题进行变形，然后进行迭代求解。解决问题的步骤如下。

第一步，固定波束成形向量和相移向量，优化功率分割系数。令 $\boldsymbol{G}_{\mathrm{AU}} \square \mathrm{diag}(\boldsymbol{h}_{\mathrm{IU}}^{\mathrm{H}})\boldsymbol{H}_{\mathrm{AI}}$，$\boldsymbol{G}_{\mathrm{AE}} \square \mathrm{diag}(\boldsymbol{h}_{\mathrm{IE}}^{\mathrm{H}})\boldsymbol{H}_{\mathrm{AI}}$，$\boldsymbol{f} \square [f_1,f_2,\cdots,f_M]^{\mathrm{H}}$，其中 $f_m \square \mathrm{e}^{\mathrm{j}\theta_m}$。因此，可以将用户和监听器处的信干噪比重新表示为

$$
\mathrm{SINR}_{\mathrm{U}}=\frac{\rho|(\boldsymbol{f}^{\mathrm{H}}\boldsymbol{G}_{\mathrm{AU}}+\boldsymbol{h}_{\mathrm{AU}}^{\mathrm{H}})\boldsymbol{\omega}_1|^2}{\rho|(\boldsymbol{f}^{\mathrm{H}}\boldsymbol{G}_{\mathrm{AU}}+\boldsymbol{h}_{\mathrm{AU}}^{\mathrm{H}})\boldsymbol{\omega}_2|^2+\rho\sigma^2+\sigma_{\mathrm{ID}}^2} \tag{4-32}
$$

$$
\mathrm{SINR}_{\mathrm{E}}=\frac{|(\boldsymbol{f}^{\mathrm{H}}\boldsymbol{G}_{\mathrm{AE}}+\boldsymbol{h}_{\mathrm{AE}}^{\mathrm{H}})\boldsymbol{\omega}_1|^2}{|(\boldsymbol{f}^{\mathrm{H}}\boldsymbol{G}_{\mathrm{AE}}+\boldsymbol{h}_{\mathrm{AE}}^{\mathrm{H}})\boldsymbol{\omega}_2|^2+\sigma^2} \tag{4-33}
$$

利用 $\tilde{\boldsymbol{H}}_{\mathrm{U}}=(\boldsymbol{G}_{\mathrm{AU}}^{\mathrm{H}}\boldsymbol{f}+\boldsymbol{h}_{\mathrm{AU}})(\boldsymbol{f}^{\mathrm{H}}\boldsymbol{G}_{\mathrm{AU}}+\boldsymbol{h}_{\mathrm{AU}}^{\mathrm{H}})$ 和 $\tilde{\boldsymbol{H}}_{\mathrm{E}}=(\boldsymbol{G}_{\mathrm{AE}}^{\mathrm{H}}\boldsymbol{f}+\boldsymbol{h}_{\mathrm{AE}})(\boldsymbol{f}^{\mathrm{H}}\boldsymbol{G}_{\mathrm{AE}}+\boldsymbol{h}_{\mathrm{AE}}^{\mathrm{H}})$，以及 $\boldsymbol{W}_1=\boldsymbol{\omega}_1\boldsymbol{\omega}_1^{\mathrm{H}}$ 和 $\boldsymbol{W}_2=\boldsymbol{\omega}_2\boldsymbol{\omega}_2^{\mathrm{H}}$，可以得到 $\boldsymbol{W}_1 \geqslant 0$，$\boldsymbol{W}_2 \geqslant 0$ 和 $\mathrm{rank}(\boldsymbol{W}_1)=\mathrm{rank}(\boldsymbol{W}_2)=1$。因此，用户和监听器处的信干噪比又可以重新表示为

$$
\mathrm{SINR}_{\mathrm{U}}=\frac{\rho\mathrm{Tr}(\tilde{\boldsymbol{H}}_{\mathrm{U}}\boldsymbol{W}_1)}{\rho\mathrm{Tr}(\tilde{\boldsymbol{H}}_{\mathrm{U}}\boldsymbol{W}_2)+\rho\sigma^2+\sigma_{\mathrm{ID}}^2} \tag{4-34}
$$

$$
\mathrm{SINR}_{\mathrm{E}}=\frac{\mathrm{Tr}(\tilde{\boldsymbol{H}}_{\mathrm{E}}\boldsymbol{W}_1)}{\mathrm{Tr}(\tilde{\boldsymbol{H}}_{\mathrm{E}}\boldsymbol{W}_2)+\sigma^2} \tag{4-35}
$$

问题（P4-6）可以相应地改写为

$$
\begin{aligned}
（\text{P4-7}）:\ &\max_{\rho}\ \mathrm{lb}\left(1+\frac{\rho\mathrm{Tr}(\tilde{\boldsymbol{H}}_{\mathrm{U}}\boldsymbol{W}_1)}{\rho\mathrm{Tr}(\tilde{\boldsymbol{H}}_{\mathrm{U}}\boldsymbol{W}_2)+\rho\sigma^2+\sigma_{\mathrm{ID}}^2}\right)- \\
&\qquad\mathrm{lb}\left(1+\frac{\mathrm{Tr}(\tilde{\boldsymbol{H}}_{\mathrm{E}}\boldsymbol{W}_1)}{\mathrm{Tr}(\tilde{\boldsymbol{H}}_{\mathrm{E}}\boldsymbol{W}_2)+\sigma^2}\right) \\
\text{s.t.}\ &\mathrm{C1}: 0<\rho<1 \\
&\mathrm{C2}: \eta(1-\rho)\left(\mathrm{Tr}(\tilde{\boldsymbol{H}}_{\mathrm{U}}\boldsymbol{W}_1+\tilde{\boldsymbol{H}}_{\mathrm{U}}\boldsymbol{W}_2)+\sigma^2\right) \geqslant E_{\mathrm{req}}
\end{aligned}
$$

进而，对问题（P4-7）中的对数函数进行展开

$$
\begin{aligned}
&(\text{P4-8}): \max_{\rho} \operatorname{lb}\left(\left(\operatorname{Tr}(\tilde{\boldsymbol{H}}_{\mathrm{U}}\boldsymbol{W}_1+\tilde{\boldsymbol{H}}_{\mathrm{U}}\boldsymbol{W}_2)+\sigma^2\right)\rho+\sigma_{\mathrm{ID}}^2\right)- \\
&\operatorname{lb}\left(\left(\operatorname{Tr}(\tilde{\boldsymbol{H}}_{\mathrm{U}}\boldsymbol{W}_2)+\sigma^2\right)\rho+\sigma_{\mathrm{ID}}^2\right)- \\
&\operatorname{lb}\left(\operatorname{Tr}(\tilde{\boldsymbol{H}}_{\mathrm{E}}\boldsymbol{W}_1+\tilde{\boldsymbol{H}}_{\mathrm{E}}\boldsymbol{W}_2)+\sigma^2\right)+ \\
&\operatorname{lb}\left(\operatorname{Tr}(\tilde{\boldsymbol{H}}_{\mathrm{E}}\boldsymbol{W}_2)+\sigma^2\right) \\
&\text{s.t.}\quad \mathrm{C1}: 0<\rho<1 \\
&\qquad\ \ \mathrm{C2}: \rho \leqslant 1-\frac{E_{\mathrm{req}}}{\eta\left(\operatorname{Tr}(\tilde{\boldsymbol{H}}_{\mathrm{U}}\boldsymbol{W}_1+\tilde{\boldsymbol{H}}_{\mathrm{U}}\boldsymbol{W}_2)+\sigma^2\right)}
\end{aligned}
$$

对第二项进行一阶泰勒展开并将结果代入问题（P4-8），可得

$$
\begin{aligned}
&(\text{P4-9}): \max_{\rho} \operatorname{lb}\left(\left(\operatorname{Tr}(\tilde{\boldsymbol{H}}_{\mathrm{U}}\boldsymbol{W}_1+\tilde{\boldsymbol{H}}_{\mathrm{U}}\boldsymbol{W}_2)+\sigma^2\right)\rho+\sigma_{\mathrm{ID}}^2\right)- \\
&\operatorname{lb}\left(\left(\operatorname{Tr}(\tilde{\boldsymbol{H}}_{\mathrm{U}}\boldsymbol{W}_2)+\sigma^2\right)\rho^{(k)}+\sigma_{\mathrm{ID}}^2\right)- \\
&\frac{\left(\operatorname{Tr}(\tilde{\boldsymbol{H}}_{\mathrm{U}}\boldsymbol{W}_2)+\sigma^2\right)(\rho-\rho^{(k)})}{\left(\left(\operatorname{Tr}(\tilde{\boldsymbol{H}}_{\mathrm{U}}\boldsymbol{W}_2)+\sigma^2\right)\rho^{(k)}+\sigma_{\mathrm{ID}}^2\right)\ln 2}- \\
&\operatorname{lb}\left(\operatorname{Tr}(\tilde{\boldsymbol{H}}_{\mathrm{E}}\boldsymbol{W}_1+\tilde{\boldsymbol{H}}_{\mathrm{E}}\boldsymbol{W}_2)+\sigma^2\right)+ \\
&\operatorname{lb}\left(\operatorname{Tr}(\tilde{\boldsymbol{H}}_{\mathrm{E}}\boldsymbol{W}_2)+\sigma^2\right) \\
&\text{s.t.}\,\mathrm{C1}: 0<\rho<1 \\
&\qquad\ \ \mathrm{C2}: \rho \leqslant 1-\frac{E_{\mathrm{req}}}{\eta\left(\operatorname{Tr}(\tilde{\boldsymbol{H}}_{\mathrm{U}}\boldsymbol{W}_1+\tilde{\boldsymbol{H}}_{\mathrm{U}}\boldsymbol{W}_2)+\sigma^2\right)}
\end{aligned}
$$

其中，$\rho^{(k)}$ 是 ρ 在第 k 次迭代时的值。问题（P4-9）可以通过 MATLAB 工具包 CVX 进行求解，这样就可以求解得到功率分割系数的最优值，并将得到的最优值 ρ^* 用于其他变量的求解。

第二步，固定功率分割系数和相移向量，优化波束成形向量。将问题（P4-9）变形为

$$
\begin{aligned}
&(\text{P4-10}): \max_{\rho} \operatorname{lb}\left(1+\frac{\rho^*\operatorname{Tr}(\tilde{\boldsymbol{H}}_{\mathrm{U}}\boldsymbol{W}_1)}{\rho^*\operatorname{Tr}(\tilde{\boldsymbol{H}}_{\mathrm{U}}\boldsymbol{W}_2)+\rho^*\sigma^2+\sigma_{\mathrm{ID}}^2}\right)- \\
&\operatorname{lb}\left(1+\frac{\operatorname{Tr}(\tilde{\boldsymbol{H}}_{\mathrm{E}}\boldsymbol{W}_1)}{\operatorname{Tr}(\tilde{\boldsymbol{H}}_{\mathrm{E}}\boldsymbol{W}_2)+\sigma^2}\right) \\
&\text{s.t.}\quad (\boldsymbol{W}_1,\boldsymbol{W}_2)\in\boldsymbol{W}
\end{aligned}
$$

其中，

$$\mathcal{W}=\Big((\boldsymbol{W}_1,\boldsymbol{W}_2)\,|\,\mathrm{Tr}(\boldsymbol{W}_1+\boldsymbol{W}_2)\leqslant P_{\mathrm{A}},$$
$$\eta(1-\rho^*)\Big(\mathrm{Tr}(\tilde{\boldsymbol{H}}_{\mathrm{U}}\boldsymbol{W}_1+\tilde{\boldsymbol{H}}_{\mathrm{U}}\boldsymbol{W}_2)+\sigma^2\Big)\geqslant E_{\mathrm{req}},\boldsymbol{W}_1\geqslant 0,\boldsymbol{W}_2\geqslant 0\Big) \tag{4-36}$$

然后再将问题（P4-10）转化为凸问题，运用引理 4-1。

引理 4-1 考虑函数 $\varphi(t)=-tx+\ln t+1$，$x>0$，可以得到 $-\ln x=\max\limits_{t>0}\varphi(t)$，并且最优解为 $t=\dfrac{1}{x}$。

引理 4-1 给出了 $\varphi(t)$ 的上界，并且仅当 $t=\dfrac{1}{x}$ 时达到上界。此外令 $x=\rho^*\mathrm{Tr}(\tilde{\boldsymbol{H}}_{\mathrm{U}}\boldsymbol{W}_2)+\rho^*\sigma^2+\sigma_{\mathrm{ID}}^2$ 以及 $t=t_{\mathrm{U}}$，R_{U} 可以表示为

$$\begin{aligned}&R_{\mathrm{U}}\ln 2=\ln\Big(\rho^*\mathrm{Tr}(\tilde{\boldsymbol{H}}_{\mathrm{U}}(\boldsymbol{W}_1+\boldsymbol{W}_2))+\rho^*\sigma^2+\sigma_{\mathrm{ID}}^2\Big)-\\&\ln\Big(\rho^*\mathrm{Tr}(\tilde{\boldsymbol{H}}_{\mathrm{U}}\boldsymbol{W}_2)+\rho^*\sigma^2+\sigma_{\mathrm{ID}}^2\Big)=\\&\max_{t_{\mathrm{U}}>0}\varphi_{\mathrm{U}}(\boldsymbol{W}_1,\boldsymbol{W}_2,t_{\mathrm{U}})\end{aligned} \tag{4-37}$$

其中，

$$\begin{aligned}&\varphi_{\mathrm{U}}(\boldsymbol{W}_1,\boldsymbol{W}_2,t_{\mathrm{U}})=\ln\Big(\rho^*\mathrm{Tr}(\tilde{\boldsymbol{H}}_{\mathrm{U}}(\boldsymbol{W}_1+\boldsymbol{W}_2))+\rho^*\sigma^2+\sigma_{\mathrm{ID}}^2\Big)-\\&t_{\mathrm{U}}\Big(\rho^*\mathrm{Tr}(\tilde{\boldsymbol{H}}_{\mathrm{U}}\boldsymbol{W}_2)+\rho^*\sigma^2+\sigma_{\mathrm{ID}}^2\Big)+\ln t_{\mathrm{U}}+1\end{aligned} \tag{4-38}$$

同样，$x=\mathrm{Tr}(\tilde{\boldsymbol{H}}_{\mathrm{E}}(\boldsymbol{W}_1+\boldsymbol{W}_2))+\sigma^2$ 以及 $t=t_{\mathrm{E}}$，R_{E} 可以表示为

$$\begin{aligned}&R_{\mathrm{E}}\ln 2=\ln\Big(\mathrm{Tr}(\tilde{\boldsymbol{H}}_{\mathrm{E}}(\boldsymbol{W}_1+\boldsymbol{W}_2))+\sigma^2\Big)-\\&\ln\Big(\mathrm{Tr}(\tilde{\boldsymbol{H}}_{\mathrm{E}}\boldsymbol{W}_2)+\sigma^2\Big)=\\&\max_{t_{\mathrm{E}}>0}\varphi_{\mathrm{E}}(\boldsymbol{W}_1,\boldsymbol{W}_2,t_{\mathrm{E}})\end{aligned} \tag{4-39}$$

其中，

$$\begin{aligned}&\varphi_{\mathrm{E}}(\boldsymbol{W}_1,\boldsymbol{W}_2,t_{\mathrm{E}})=t_{\mathrm{E}}\Big(\mathrm{Tr}(\tilde{\boldsymbol{H}}_{\mathrm{E}}(\boldsymbol{W}_1+\boldsymbol{W}_2))+\sigma^2\Big)-\\&\ln\Big(\mathrm{Tr}(\tilde{\boldsymbol{H}}_{\mathrm{E}}\boldsymbol{W}_2)+\sigma^2\Big)-\ln t_{\mathrm{E}}-1\end{aligned} \tag{4-40}$$

在忽略对数函数之后，原始问题可以转化为

$$\begin{aligned}&(\text{P4-11}):\max_{\boldsymbol{W}_1,\boldsymbol{W}_2,t_{\mathrm{U}},t_{\mathrm{E}}}\ \varphi_{\mathrm{U}}(\boldsymbol{W}_1,\boldsymbol{W}_2,t_{\mathrm{U}})-\varphi_{\mathrm{E}}(\boldsymbol{W}_1,\boldsymbol{W}_2,t_{\mathrm{E}})\\&\text{s.t.}\quad \mathrm{C1}:(\boldsymbol{W}_1,\boldsymbol{W}_2)\in\mathcal{W}\\&\qquad\ \ \mathrm{C2}:t_{\mathrm{U}}>0,t_{\mathrm{E}}>0\end{aligned}$$

至此，原始问题就转化为可以直接求解的凸问题，经过交替优化后就可以求得 $(\boldsymbol{W}_1,\boldsymbol{W}_2)$。

第三步，固定功率分割系数和波束成形向量，优化相移向量。

分别利用 $\bar{\boldsymbol{H}}_{\mathrm{U}}=\tilde{\boldsymbol{G}}_{\mathrm{AU}}\boldsymbol{w}_1\boldsymbol{w}_1^{\mathrm{H}}\tilde{\boldsymbol{G}}_{\mathrm{AU}}^{\mathrm{H}}$，$\bar{\boldsymbol{H}}_{\mathrm{E}}=\tilde{\boldsymbol{G}}_{\mathrm{AE}}\boldsymbol{w}_1\boldsymbol{w}_1^{\mathrm{H}}\tilde{\boldsymbol{G}}_{\mathrm{AE}}^{\mathrm{H}}$，$\hat{\boldsymbol{H}}_{\mathrm{U}}=\tilde{\boldsymbol{G}}_{\mathrm{AU}}\boldsymbol{w}_2\boldsymbol{w}_2^{\mathrm{H}}\tilde{\boldsymbol{G}}_{\mathrm{AU}}^{\mathrm{H}}$ 和 $\hat{\boldsymbol{H}}_{\mathrm{E}}=\tilde{\boldsymbol{G}}_{\mathrm{AE}}\boldsymbol{w}_2\boldsymbol{w}_2^{\mathrm{H}}\tilde{\boldsymbol{G}}_{\mathrm{AE}}^{\mathrm{H}}$，其中 $\tilde{\boldsymbol{G}}_{\mathrm{AU}}=[\boldsymbol{G}_{\mathrm{AU}};\boldsymbol{h}_{\mathrm{AU}}]$ 并且 $\tilde{\boldsymbol{G}}_{\mathrm{AE}}=[\boldsymbol{G}_{\mathrm{AE}};\boldsymbol{h}_{\mathrm{AE}}]$。除此之外，定义 $\tilde{\boldsymbol{f}}=[f;1]$ 和 $\tilde{\boldsymbol{F}}=\tilde{\boldsymbol{f}}\tilde{\boldsymbol{f}}^{\mathrm{H}}$，继而可以推导出 $\tilde{\boldsymbol{F}}\geqslant 0$ 以及 $\mathrm{rank}(\tilde{\boldsymbol{F}})=1$。然后原始问题可以转化为

$$
\begin{aligned}
(\text{P4-12}):\max_{\tilde{\boldsymbol{F}}}\ & \mathrm{lb}\left(1+\frac{\rho^*\mathrm{Tr}(\bar{\boldsymbol{H}}_{\mathrm{U}}\tilde{\boldsymbol{F}})}{\rho^*\mathrm{Tr}(\hat{\boldsymbol{H}}_{\mathrm{U}}\tilde{\boldsymbol{F}})+\rho^*\sigma^2+\sigma_{\mathrm{ID}}^2}\right)- \\
& \mathrm{lb}\left(1+\frac{\mathrm{Tr}(\bar{\boldsymbol{H}}_{\mathrm{E}}\tilde{\boldsymbol{F}})}{\mathrm{Tr}(\hat{\boldsymbol{H}}_{\mathrm{E}}\tilde{\boldsymbol{F}})+\sigma^2}\right) \\
& \mathrm{s.t.C1}:\tilde{\boldsymbol{F}}\geqslant 0,\tilde{\boldsymbol{F}}_{n,n}=1,n=1,\cdots,M+1 \\
& \quad \mathrm{C2}:\eta(1-\rho^*)\left(\mathrm{Tr}(\bar{\boldsymbol{H}}_{\mathrm{U}}\tilde{\boldsymbol{F}}+\hat{\boldsymbol{H}}_{\mathrm{U}}\tilde{\boldsymbol{F}})+\sigma^2\right)\geqslant E_{\mathrm{req}}
\end{aligned}
$$

问题的约束可以进一步表示为 $\tilde{\boldsymbol{F}}\in\boldsymbol{F}$，其中

$$
\begin{aligned}
\boldsymbol{F}=&\left(\tilde{\boldsymbol{F}}\mid\eta(1-\rho^*)\left(\mathrm{Tr}(\bar{\boldsymbol{H}}_{\mathrm{U}}\tilde{\boldsymbol{F}}+\hat{\boldsymbol{H}}_{\mathrm{U}}\tilde{\boldsymbol{F}})+\sigma^2\right)\geqslant E_{\mathrm{req}},\right. \\
&\left.\tilde{\boldsymbol{F}}_{n,n}=1,n=1,\cdots,M+1,\tilde{\boldsymbol{F}}\geqslant 0\right)
\end{aligned}\tag{4-41}
$$

与第二步相同，可以应用引理 4-1 将问题转化为

$$
\begin{aligned}
(\text{P4-13}):\ & \max_{\tilde{\boldsymbol{F}},z_{\mathrm{U}},z_{\mathrm{E}}}\ \phi_{\mathrm{U}}(\tilde{\boldsymbol{F}},z_{\mathrm{U}})-\phi_{\mathrm{E}}(\tilde{\boldsymbol{F}},z_{\mathrm{E}}) \\
& \mathrm{s.t.C1}:\tilde{\boldsymbol{F}}\in\boldsymbol{F} \\
& \quad \mathrm{C2}:z_{\mathrm{U}}>0,z_{\mathrm{E}}>0
\end{aligned}
$$

其中，

$$
\begin{aligned}
\phi_{\mathrm{U}}(\tilde{\boldsymbol{F}},z_{\mathrm{U}})=&\ln\left(\rho^*\mathrm{Tr}(\bar{\boldsymbol{H}}_{\mathrm{U}}\tilde{\boldsymbol{F}}+\hat{\boldsymbol{H}}_{\mathrm{U}}\tilde{\boldsymbol{F}})+\rho^*\sigma^2+\sigma_{\mathrm{ID}}^2\right)- \\
&z_{\mathrm{U}}\left(\rho^*\mathrm{Tr}(\hat{\boldsymbol{H}}_{\mathrm{U}}\tilde{\boldsymbol{F}})+\rho^*\sigma^2+\sigma_{\mathrm{ID}}^2\right)+\ln z_{\mathrm{U}}+1
\end{aligned}\tag{4-42}
$$

$$
\begin{aligned}
\phi_{\mathrm{E}}(\tilde{\boldsymbol{F}},z_{\mathrm{E}})=&z_{\mathrm{E}}\left(\mathrm{Tr}(\bar{\boldsymbol{H}}_{\mathrm{E}}\tilde{\boldsymbol{F}}+\hat{\boldsymbol{H}}_{\mathrm{E}}\tilde{\boldsymbol{F}})+\sigma^2\right)- \\
&\ln\left(\mathrm{Tr}(\hat{\boldsymbol{H}}_{\mathrm{E}}\tilde{\boldsymbol{F}})+\sigma^2\right)-\ln z_{\mathrm{E}}-1
\end{aligned}\tag{4-43}
$$

至此，原始问题就转化为可以直接求解的凸问题，经过交替优化后就可以求得 $\boldsymbol{F}$。

这样，针对每个变量将问题化为可以直接求解的凸问题以后，就设计出一种交替优化算法，对全局进行优化，使系统的安全速率达到最大，具体步骤如算法 4-3 所示。

算法 4-3 联合计算及通信优化迭代算法

1) 初始化原始变量 $\boldsymbol{G}_{\mathrm{AU}}$，$\boldsymbol{G}_{\mathrm{AE}}$，$\boldsymbol{h}_{\mathrm{AU}}$，$\boldsymbol{h}_{\mathrm{AE}}$，$\sigma^2$，$\sigma_{\mathrm{ID}}^2$，$P_{\mathrm{A}}$，$E_{\mathrm{req}}$ 以及 $\tilde{F}^{(0)}$，$W_1^{(0)}$，$W_2^{(0)}$ 和 $\rho^{(0)}$

2) 设置 $l=1$

3) repeat

4) 在固定 $\tilde{F}^{(l-1)}$、$W_1^{(l-1)}$ 和 $W_2^{(l-1)}$ 的前提下求解 $\rho^{(l)}$

5) 在固定 $\rho^{(l)}$ 和 $\tilde{F}^{(l-1)}$ 的前提下求解 $W_1^{(l)}$ 和 $W_2^{(l)}$

6) 在固定 $\rho^{(l)}$、$W_1^{(l)}$ 和 $W_2^{(l)}$ 的前提下求解 $\tilde{F}^{(l)}$

7) $l=l+1$

8) 直到达到最大迭代次数或所有变量都收敛时停止迭代

4.3.3 仿真结果与分析

本节将展示仿真结果来说明所提算法的性能，模拟设置如图 4-8 所示。

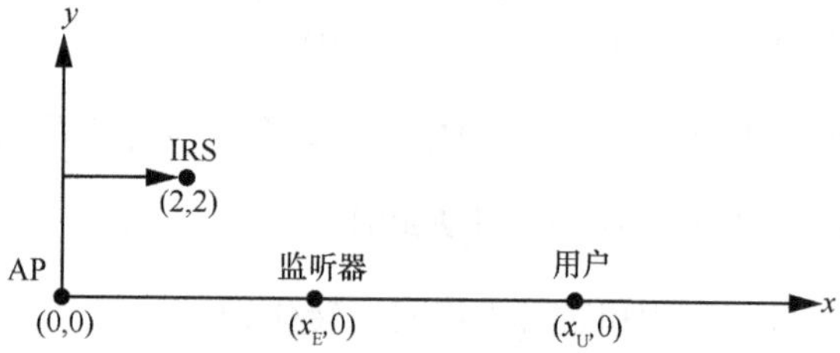

图 4-8 仿真设置

假设 AP、IRS、监听器和用户分别位于 $(0,0)$，$(2,2)$，$(x_E,0)$ 和 $(x_U,0)$。其中，$x_E\in[3,5]$，$x_U\in[10,20]$。另外，假设系统中的信道经过瑞利衰落，可以表示为

$$h_{ij}=\sqrt{L_0 d_{ij}^{-c_{ij}}}\,g_{ij} \tag{4-44}$$

其中，L_0 为 1 m 上的路径损耗，d_{ij} 为距离，c_{ij} 为路径损耗指数，$c_{AU}=5$，$c_{AI}=c_{AE}=c_{IE}=c_{IU}=2.5$，另外，$g_{ij}$ 为小尺度衰落系数，可以表示为

$$g_{ij}=\sqrt{\frac{\beta_{ij}}{1+\beta_{ij}}}g_{ij}^{\text{LoS}}+\sqrt{\frac{1}{1+\beta_{ij}}}g_{ij}^{\text{NLoS}} \tag{4-45}$$

其中，g_{ij}^{LoS} 和 g_{ij}^{NLoS} 分别表示视距组件和非视距组件，β_{ij} 表示瑞利因子且 $\beta_{AI}=\beta_{AE}=\beta_{AU}=0,\beta_{IE}=\beta_{IU}=\infty$，其他参数设置为 $B=100\ \text{MHz}$, $P_A=40\ \text{dBm}$, $E_{req}=-40\ \text{dBm}, \eta=0.7, N_t=8, M=50, L_0=-30\ \text{dBm}$ 且 $\sigma^2=\sigma_{ID}^2=-110\ \text{dBm}$。为了与其他方案进行比较，本节提出了 3 种基准比较方案，分别是无 AN 情形、不申请 IRS 情形、没有 IRS 和 AN 情形。

算法 4-3 的收敛性如图 4-9 所示。从图 4-9 中可以看出，所提算法具有良好的

收敛性，当迭代次数达到 14 次时，可达安全速率接近收敛。此外还可以发现，随着反射元件数量的增加，可达安全速率也会增加。同样，AP 天线数量的增加也会提高可达安全速率。这证明 IRS 可以有效地提高用户的安全速率。

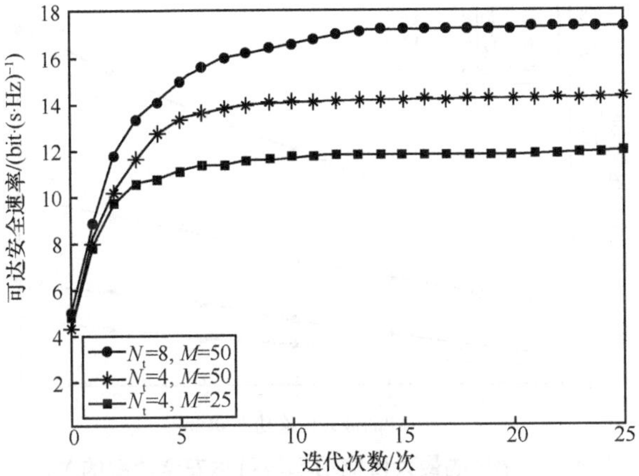

图 4-9　算法 4-3 的收敛性

反射元件数量与可达安全速率的关系如图 4-10 所示。从图 4-10 中可以看出，所提方案的性能总是优于其他基准方案。此外还可以看到，在有 IRS 的方案中，安全速率随着反射元件数量的增加而增加，而有 AN 的系统比没有 AN 的系统有更高的安全速率。这些出色的安全性能是因为 IRS 大大提高了用户的信干噪比，并选择性地降低了监听器的信干噪比。而且，当反射元件的数量增加时，这种效应更加明显。

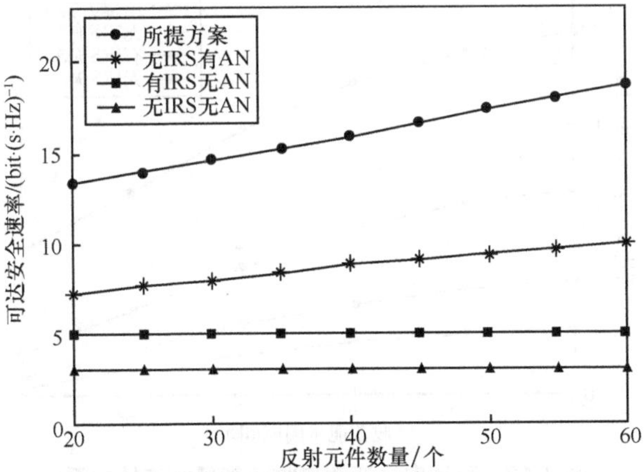

图 4-10　反射元件数量与可达安全速率的关系

AP 的最大传输功率与可达安全速率的关系如图 4-11 所示。很明显，随着最大传输功率的增加，所有方案的安全速率都有增加的趋势。然而，所提方案总是优于其他基准方案，这是因为当用户的最小采集能量达到阈值时，增加的最大传输功率可以让用户为 ID 分配更多的功率。

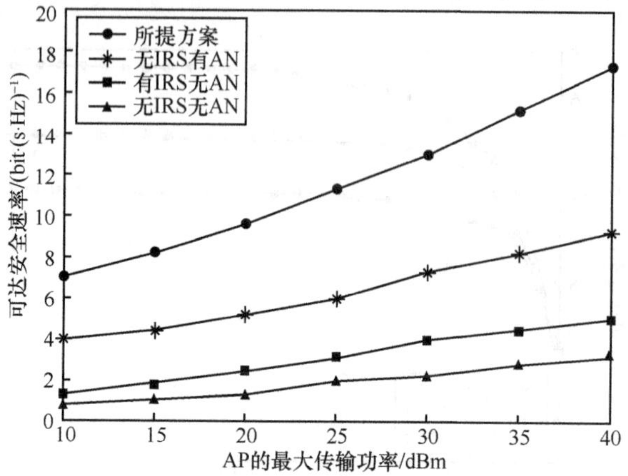

图 4-11　AP 的最大传输功率与可达安全速率的关系

可实现的安全速率与收获能量阈值的关系。从图 4-12 中可以看出，可达安全速率随着 E_{req} 的增加而降低。这是因为当 E_{req} 增加时，用于 EH 的信号就会增加，从而导致用户接收到的信号中 ID 信号所占的比例变小。可以看出，由于 PS 的应用，用户可以同时拥有 EH 信号和 ID 信号。但必须平衡 EH 信号和 ID 信号，以确保不仅可以收获足够的能量，而且可以达到足够的安全性能。

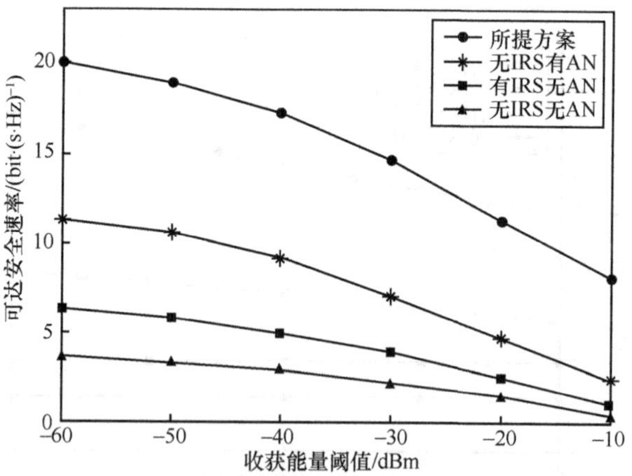

图 4-12　可达安全速率与收获能量阈值的关系

可达安全速率与用户的 x 坐标值的关系如图 4-13 所示。用户 x 坐标值的范围为[10,20]，因此可以通过图 4-13 来研究 IRS 对用户 ID 的影响。从图 4-13 中可以看出，随着用户与 AP 距离的逐渐增大，4 种不同方案下的可达安全速率都在减小。显然，在有 AN 的情况下，有 IRS 的方案性能总是比没有 IRS 的方案好；在无 AN 的情况下，有 IRS 的方案性能也总是比没有 IRS 的方案好。在距离较大的情况下，没有 IRS 的方案基本上可以认为无法满足用户的安全需求。然而，所提方案总能保持较好的可达安全速率。结果表明，使用 IRS 可以显著提高用户设备的工作范围，具有实际应用价值。

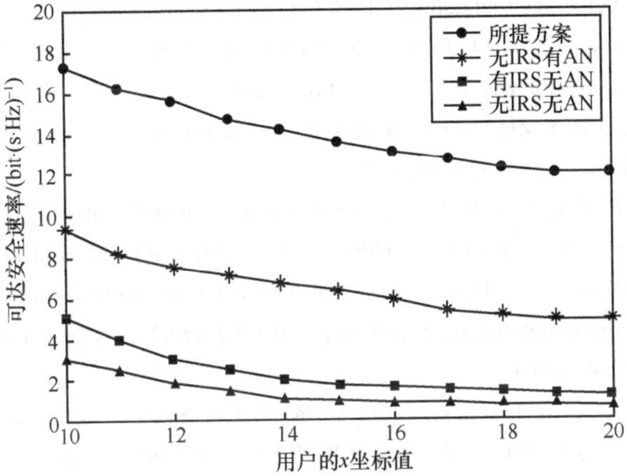

图 4-13 可达安全速率与用户的 x 坐标值的关系

参考文献

[1] RUSEK F, PERSSON D, LAU B K, et al. Scaling up MIMO: opportunities and challenges with very large arrays[J]. IEEE Signal Processing Magazine, 2013, 30(1): 40-60.

[2] NOSRATINIA A, HUNTER T E, HEDAYAT A. Cooperative communication in wireless networks[J]. IEEE Communications Magazine, 2004, 42(10): 74-80.

[3] LIANG Y C, CHEN K C, LI G Y, et al. Cognitive radio networking and communications: an overview[J]. IEEE Transactions on Vehicular Technology, 2011, 60(7): 3386-3407.

[4] LIASKOS C, NIE S, TSIOLIARIDOU A, et al. A new wireless communication paradigm through software-controlled metasurfaces[J]. IEEE Communications Magazine, 2018, 56(9): 162-169.

[5] YANG H, CAO X, YANG F, et al. A programmable metasurface with dynamic polarization, scattering and focusing control[J]. Scientific Reports, 2016, 10(6): 035692.

[6] CUI T J, QI M Q, WAN X, et al. Coding metamaterials, digital metamaterials and programmable metamaterials[J]. Light: Science & Applications, 2014, 3(10): e218.

[7] FORD G W, WEBER W H. Electromagnetic interactions of molecules with metal surfaces[J]. Physics Reports, 1984, 113(4): 195-287.

[8] ZHANG R, LIANG Y C, CHAI C C, et al. Optimal beamforming for two-way multi-antenna

relay channel with analogue network coding[J]. IEEE Journal on Selected Areas in Communications, 2009, 27(5): 699-712.

[9] HU S, RUSEK F, EDFORS O. Beyond massive MIMO: the potential of data transmission with large intelligent surfaces[J]. IEEE Transactions on Signal Processing, 2018, 66(10): 2746-2758.

[10] YANG G, LIANG Y C, ZHANG R, et al. Modulation in the air: backscatter communication over ambient OFDM carrier[J]. IEEE Transactions on Communications, 2018, 66(3): 1219-1233.

[11] LI D, LIANG Y C. Adaptive ambient backscatter communication systems with MRC[J]. IEEE Transactions on Vehicular Technology, 2018, 67(12): 12352-12357.

[12] GUO H Y, ZHANG Q Q, XIAO S, et al. Exploiting multiple antennas for cognitive ambient backscatter communication[J]. IEEE Internet of Things Journal, 2019, 6(1): 765-775.

[13] LONG R Z, GUO H Y, ZHANG L, et al. Full-duplex backscatter communications in symbiotic radio systems[J]. IEEE Access, 2019, 7: 21597-21608.

[14] YANG G, ZHANG Q Q, LIANG Y C. Cooperative ambient backscatter communications for green Internet-of-things[J]. IEEE Internet of Things Journal, 2018, 5(2): 1116-1130.

[15] ZHANG Q Q, GUO H Y, LIANG Y C, et al. Constellation learning-based signal detection for ambient backscatter communication systems[J]. IEEE Journal on Selected Areas in Communications, 2019, 37(2): 452-463.

[16] WU Q Q, ZHANG R. Intelligent reflecting surface enhanced wireless network via joint active and passive beamforming[C]//Proceedings of IEEE Transactions on Wireless Communications. Piscataway: IEEE Press, 2018: 5394-5409.

[17] HAN Y, TANG W K, JIN S, et al. Large intelligent surface-assisted wireless communication exploiting statistical CSI[J]. IEEE Transactions on Vehicular Technology, 2019, 68(8): 8238-8242.

[18] TAN X, SUN Z, KOUTSONIKOLAS D, et al. Enabling indoor mobile millimeter-wave networks based on smart reflect-arrays[C]//Proceedings of IEEE Conference on Computer Communications. Piscataway: IEEE Press, 2018: 270-278.

[19] TAN X, SUN Z, JORNET J M, et al. Increasing indoor spectrum sharing capacity using smart reflect-array[C]//Proceedings of 2016 IEEE International Conference on Communications (ICC). Piscataway: IEEE Press, 2016: 1-6.

[20] WU Q Q, ZHANG R. Beamforming optimization for intelligent reflecting surface with discrete phase shifts[C]//Proceedings of 2019 IEEE International Conference on Acoustics, Speech and Signal Processing (ICASSP). Piscataway: IEEE Press, 2019: 7830-7833.

[21] HUANG C, ZAPPONE A, ALEXANDROPOULOS G C, et al. Reconfigurable intelligent surfaces for energy efficiency in wireless communication[J]. arXiv Preprint, arXiv:1810.06934, 2018.

[22] HUANG C W, ALEXANDROPOULOS G C, ZAPPONE A, et al. Energy efficient multi-user MISO communication using low resolution large intelligent surfaces[C]//Proceedings of 2018 IEEE Globecom Workshops (GC Wkshps). Piscataway: IEEE Press, 2018: 1-6.

[23] NADEEM Q U, KAMMOUN A, CHAABAN A, et al. Asymptotic analysis of large intelligent surface assisted MIMO communication[J]. arXiv Preprint, arXiv: 1903.08127, 2019.

第 5 章
时延约束系统中的物理层安全

5.1 时延约束系统物理层安全简介

近些年，智能物联网的进步推动了各种计算密集型和时延敏感型应用的发展，这些应用的成功需要无线网络结合数十亿个物联网设备进行实时通信、计算和控制。然而，物联网设备由于物理尺寸小、电源能量有限，处理计算密集型和时延敏感型的任务是一项具有挑战性的工作。非正交多址接入（Non-Orthogonal Multiple Access，NOMA）技术允许多个用户共享同一频谱资源，并且采用叠加编码和串行干扰消除来处理多址干扰，可以与其他通信技术进行结合，例如，将 NOMA 技术应用到多输入多输出（Multiple-Input Multiple-Output，MIMO）系统中，与 MEC 进行结合等。目前，有关 NOMA 和 MEC 结合的研究大多数考虑 NOMA 对 MEC 的性能改进，包括卸载时延、功率分配以及传输能耗等方面的优化[1-4]。除了考虑卸载计算和频谱效率对传输过程的影响，缓存也是影响传输的重要因素，对于缓存需要考虑任务流行度。任务流行度是指任务在特定时间内被请求的概率[5]。对于缓存的研究主要集中在内容缓存，很少涉及计算结果缓存。通常，视频内容缓存不涉及任务执行和计算结果的下载[6]。计算结果缓存是指缓存流行任务的计算结果，可以减少重复计算的时延[7]。现有关于计算结果缓存的研究主要集中在 MEC 系统，用于协助任务卸载和计算[8]。到目前为止，对于 NOMA-MEC 系统缓存鲜有研究。单个 MEC 服务器的缓存容量是有限的，很难缓存更多任务的计算结果。如果用户请求任务的种类是多样的，则会导致较低的命中率。在这种情况下，未执行的任务只能进行计算，不能有效地减少时延。多个服务器间的协作缓存能够共享缓存内容，提高缓存的命中率。

随着车载网络、虚拟现实等实时应用设备的发展，信息年龄（Age of Information，AoI）成为衡量信息新鲜度的标准之一。由于在创新应用中，终端设备的信息不再是简单的数据收集，而是经过数据处理才能显现出所需的状态信息，因此 AoI 与 NOMA-MEC 系统的结合越来越紧密。对于 MEC 与 AoI 的结合，为了实时捕获新鲜状态信息，文献[9]利用无界约束马尔可夫方法解决状态采样和卸载处理的问题。文献[10]通过共同调度一系列更新包联合优化传输和计算，实现在给定的限制内最小化平均 AoI。文献[11]考虑了任务生成和计算卸载的能量约束，提出了一个基于状态更新的 Q 学习算法，它可以有效地解决如何获取状态更新的情况。文献[12]设计了一个包含单个 MEC 服务器和单个移动设备的系统，并提出了一种轻权重任务调度和计算卸载算法以解决年龄最小化的问题。NOMA 被认为是一种有效提高频谱利用率的方法，随着研究的深入，NOMA 与 AoI 的结合逐渐引起了广泛的关注。文献[13]对 NOMA 和传统正交多址接入（Orthogonal Multiple Access，OMA）环境下的平均 AoI 进行了比较，这是将 NOMA 应用于 AoI 的第一次尝试。文献[14]研究了基于 NOMA 的状态更新系统，经过分析发现，在高信噪比和中信噪比的情况下，NOMA 能够实现更新鲜的信息更新。文献[15]设计了一个在源节点和目的节点之间的队列传输模型，为了降低总体的 AoI，NOMA 被用来进行节点间的功率分配。文献[16]考虑了一个基站、两个用户的下行传输场景，对于每次传输时基站选择 NOMA 还是 OMA 模式的问题，作者将其建模成马尔可夫决策过程，根据两个用户的瞬时 AoI 寻找到最优策略。

在研究方法上，利用传统的数学推导方法优化变量只适用于环境不变的场景。对于环境动态变化的场景，传统方法难以解决，这就展示出了强化学习的优势。强化学习最大的优势是能够从环境中学习，通过代理与环境的交互获得奖励信息，从而指导动作的选择。与传统方法相比，强化学习节省了人工计算的时间。将强化学习应用到 NOMA-MEC 系统中，可以解决各种各样的问题，如边缘缓存、计算卸载、安全隐私等。

因此，本章研究时延约束下强化学习与 NOMA-MEC 系统的结合，融合三者的优势，既可以保障高可靠和低时延、提高频谱利用率，又可以适用于动态未知场景。

5.2 系统模型

5.2.1 网络模型

如图 5-1 所示，考虑一个多设备的 MEC 系统，它由 N 个移动设备 D、一个装配有 MEC 服务器的接入点（Access Point，AP）和一个干扰者 J 组成。移动设备 D 可以监测物理过程的当前状态（如利用摄像机记录十字路口的交通情况），并进行数据处理。假设 MEC 系统可以分成多个时隙，$t \in \mathcal{T}=\{0,1,2,\cdots,T-1\}$，每个时隙的长度为$\tau$。在每个时隙开始时，移动设备可以从环境中采集当前的数据，并选择按照本地计算或者卸载给边缘服务器计算的方式处理原始数据。用$\alpha_i(t) \in [0,1]$表示移动设备 D_i 的卸载因子，$\alpha_i(t)=0$表示数据在设备 D_i 处完全进行本地处理；$\alpha_i(t)=1$表示数据完全卸载给 AP 进行计算。所有设备的卸载决策可以表示为$\alpha(t)=[\alpha_1(t),\alpha_2(t),\cdots,\alpha_N(t)]$。在卸载过程中，所有设备的卸载功率分配决策为$P(t)=[p_1(t),p_2(t),\cdots,p_N(t)]$，其中，$p_i(t) \in [0,P_{\max}]$表示设备 D_i 的卸载功率，$P_{\max}$表示最大卸载功率。每个设备在每个时隙使用计数器记录获得的状态更新年龄。

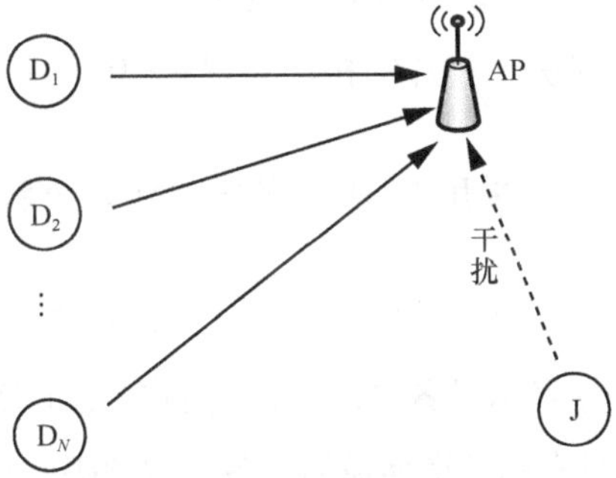

图 5-1　MEC 系统中多个设备数据的安全传输

在卸载过程中，设备将受到干扰者的攻击。干扰者通过发射干扰信号阻碍设备与 AP 之间的通信，延长设备的卸载时间，从而使任务不能在一个时隙内完成，最终导致在一个时隙内状态更新失败。对于每个卸载设备，干扰者平均分配干扰功率。也就是说，当$\alpha_i(t) \neq 0$时，即部分数据或者全部数据通过卸载给 AP 进行处理时，干扰设备 D_i 在时隙t的干扰功率为

$$p_{\mathrm{J}}^i(t)=\frac{P_{\mathrm{J}}}{n} \tag{5-1}$$

其中，P_{J}表示干扰者的总干扰功率，n表示选择卸载计算的设备数量。当$\alpha_i(t)=0$时，$p_{\mathrm{J}}^i(t)=0$。即数据完全本地计算时，干扰者不发送干扰功率。当数据成功卸载给 AP 后，卸载的数据将在边缘服务器上进行计算处理。将处理后的计算结果传输给设备，如果在设备处还进行了本地计算，那么需要加上设备本身本地计算后的结果，此时，在设备处就获得了完整的处理后的状态信息。

5.2.2 计算模型

（1）本地计算模型

假设每个设备装配一个本地处理器（如嵌入式CPU），可以进行一些必要的计算，如果设备处理数据时选择通过本地计算的方式，那么本地计算的时延为

$$T_i^{\text{loc}}(t)=\frac{C_i^{\text{loc}}}{f_i^{\text{loc}}(t)} \tag{5-2}$$

其中，C_i^{loc} 表示设备 D_i 计算这个原始数据总的 CPU 周期数，$f_i^{\text{loc}}(t)$ 表示设备 D_i 在本地计算时 CPU 的频率。

本地计算时，设备 D_i 所消耗的能耗为

$$E_i^{\text{loc}}(t)=\mathrm{e}\left(f_i^{\text{loc}}(t)\right)^2 C_i^{\text{loc}} \tag{5-3}$$

其中，e表示能量系数，取决于芯片结构，设置 $\mathrm{e}=10^{-27}$。

（2）卸载计算模型

数据卸载：在卸载阶段，采用 NOMA 的方式将多个数据卸载给边缘服务器。假设多个设备的信道增益满足

$$|h_1(t)|^2 \geqslant |h_2(t)|^2 \geqslant \cdots \geqslant |h_N(t)|^2 \tag{5-4}$$

其中，$|h_i(t)|^2\ (i=1,2,\cdots,N)$ 表示设备 D_i 与 AP 之间的信道增益。

在上行 NOMA 中，具有高信道增益的设备先被解码，具有较低信道增益的设备和干扰信号被视为干扰。考虑设备 D_i 在时隙 t 选择卸载数据，其传输速率 $R_i(t)$ 可以表示为

$$R_i(t)=B\,\mathrm{lb}\left(1+\frac{p_i(t)|h_i(t)|^2}{\sum\limits_{m=i+1}^{N} p_m(t)|h_m(t)|^2+p_{\mathrm{J}}^i(t)|h_{\mathrm{J}}^i(t)|^2+\sigma^2}\right) \tag{5-5}$$

其中，B 表示系统的带宽，$p_i(t)$ 表示设备 D_i 的传输功率，$p_{\mathrm{J}}^i(t)$ 表示干扰者J对设备 D_i 的干扰功率，$|h_{\mathrm{J}}^i(t)|^2$ 表示干扰者J与设备 D_i 之间的信道增益，σ^2 表示加性噪声功率。

在数据卸载过程中，卸载时间可以表示为

$$T_i^{\text{off}}(t)=\frac{\alpha_i(t)D_i}{R_i(t)} \tag{5-6}$$

其中，D_i 是输入的总数据量。

设备 D_i 在时隙 t 的卸载能耗为

$$E_i^{\text{off}}=p_i(t)T_i^{\text{off}}(t) \tag{5-7}$$

边缘计算：将多个设备的数据传输到边缘服务器后，边缘服务器将进行计算。定义 MEC 服务器可利用的总计算资源为$F(t)$，边缘服务器分配给设备 D_i 的计算资源为 $f_i^{ex}(t)$。因此，在边缘服务器进行数据处理的时间 $T_i^{ex}(t)$ 为

$$T_i^{ex}(t)=\frac{C_i^{ex}}{f_i^{ex}(t)} \tag{5-8}$$

其中，C_i^{ex} 表示处理设备 D_i 的数据时所需的总 CPU 的周期数。

计算结果传输：经过边缘服务器处理后，得出计算结果。由于计算结果的数据量很小，传输速度较快，因此，传输时延可以忽略不计。

因此，设备 D_i 处理任务的时延可以表示为

$$T_i(t)=\begin{cases}T_i^{loc}(t),\ \alpha=0\\ \max\left(T_i^{loc}(t),T_i^{off}(t)+T_i^{ex}(t)\right),\ 0<\alpha<1\\ T_i^{off}(t)+T_i^{ex}(t),\ \alpha=1\end{cases} \tag{5-9}$$

5.2.3　状态更新模型

设备在每个时隙t通过处理计算任务来获得状态更新。如果计算任务能在这个时隙内完成，则状态信息被更新；否则，设备没有状态更新。在多设备 MEC 系统中，AoI 反映在设备处最新被执行的任务从生成被处理到最终在设备处获得计算结果所经过的时间。用 $A_i(t)=t-\theta_i(t)$ 表示设备 D_i 的信息年龄，其中 $\theta_i(t)$ 表示设备 D_i 产生最新任务的时间戳。信息年龄的演变如图 5-2 所示。

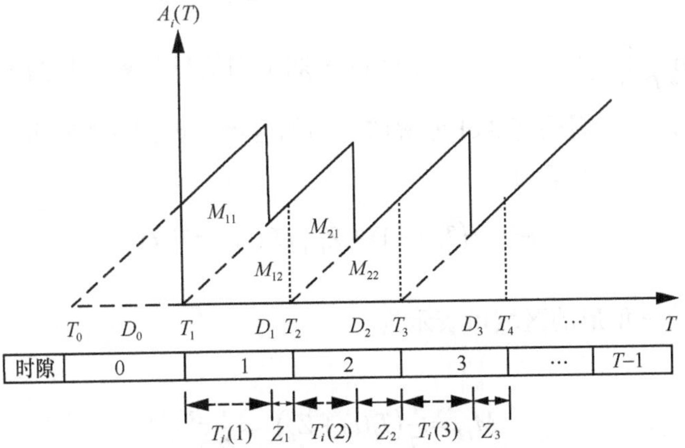

图 5-2　信息年龄的演变

在每个时隙的开始时刻，设备 D_i 从周围的环境中采样一个需要处理的计算任务，T_t 表示时隙 t 的起始时刻，也是采样计算任务的时刻。计算任务通过 3 种形式进行处理：本地计算、部分卸载和完全卸载。在时隙 t，计算任务的时延用式（5-9）表示。因此，在时隙 t 获得计算结果的时刻可以用 $D_t = T_t + T_i(t)$ 表示。考虑到计算任务需要在一个时隙内完成，即 $T_i(t) \leqslant \tau$。当设备 D_i 接收到计算结果后，在下一个采样时刻 T_{t+1} 开始前，设备 D_i 处可能会产生一个等待时间 $Z_t \in [0,\tau]$，所以下一个采样时刻可以表示为 $T_{t+1} = D_t + Z_t$。从图 5-2 中可以看出，在等待下一次采样和处理数据时，AoI 是不断增加的。当计算结果被传递给设备时，AoI 开始急速向下跳变。特别地，在时隙 t，时刻 D_t 的 AoI 可以表示为 $A_i(D_t) = D_t - T_t = T_i(t)$。在那之后，经过等待和任务处理，AoI 将随着时间 T 线性增加，最终，在时隙 $t+1$，设备获得计算结果之前，即在时刻 D_{t+1} 前一瞬间，AoI 可以达到 $A_i(D'_{t+1}) = T_i(t) + Z_t + T_i(t+1)$，设备 D_i 在时刻 D_{t+1} 可以得到计算结果，此时的 AoI 跳变到 $A_i(D_{t+1}) = T_i(t+1)$。

基于平均信息年龄和干扰代价，设备 D_i 在时隙 t 的传输代价为

$$u_i(t) = \bar{A}_i(t) + wp_{\mathrm{J}}^i(t) \tag{5-10}$$

其中，$\bar{A}_i(t) = \dfrac{1}{\tau}\int_{T_t}^{T_{t+1}} A_i(t)\mathrm{d}t$ 表示设备 D_i 在时隙 t 的平均信息年龄，T_t 表示时隙 t 的起始时刻；T_{t+1} 表示时隙 $t+1$ 的起始时刻，也是时隙 t 的结束时刻；w 表示抵抗单位干扰功率的代价。

为了使每个设备的传输代价最小，可以最小化每个设备的长期平均代价。每个设备的长期平均代价表示为

$$\bar{U} = \lim_{T\to\infty}\frac{1}{NT}E\left(\sum_{t=0}^{T-1}\sum_{i=1}^{N}u_i(t)\right) = \frac{1}{N}\sum_{i=1}^{N}\left(\bar{A}_i + \frac{1}{T}\sum_{t=0}^{T-1}wp_{\mathrm{J}}^i(t)\right) \tag{5-11}$$

其中，$\bar{A}_i = \lim\limits_{T\to\infty}\dfrac{1}{T}\int_0^T A_i(t)\mathrm{d}t$ 表示设备 D_i 的长期平均信息年龄，与图 5-2 围成的面积有关。为了计算 $\bar{A}_i$，需要将 AoI 分解成不同的区域。如图 5-2 所示，M_{t1} 围成的平行四边形的面积可以表示为

$$M_{t1} = \left(T_i(t-1) + Z_{t-1}\right)T_i(t) = \tau T_i(t) \tag{5-12}$$

M_{t2} 围成的三角形的区域可表示为

$$M_{t2} = \frac{1}{2}\left(T_i(t) + Z_t\right)^2 = \frac{1}{2}\tau^2 \tag{5-13}$$

因此，平均 AoI 可表示为

$$\bar{A}_i = \frac{\sum\limits_{t\to\infty}(M_{t1}+M_{t2})}{\sum\limits_{t\to\infty}(T_i(t)+Z_t)} = \sum_{t\to\infty}\left(T_i(t)+\frac{1}{2}\tau\right) \tag{5-14}$$

5.3　长期平均代价最小化问题

优化的目标是在计算资源、处理时延和用户能耗的约束下最小化长期平均代价。因此，优化问题可以表示为

$$\min_{\alpha,P}\bar{U} \tag{5-15}$$

$$\text{s.t.}\ \ \alpha_i(t)\in[0,1],\forall i\in\mathcal{N},t\in\mathcal{T} \tag{5-15a}$$

$$p_i(t)\in(0,P_{\max}],\forall i\in\mathcal{N},t\in\mathcal{T} \tag{5-15b}$$

$$T_i^{\text{off}}(t)+T_i^{\text{ex}}(t)\leqslant\tau,\forall i\in\mathcal{N},t\in\mathcal{T} \tag{5-15c}$$

$$T_i^{\text{loc}}(t)\leqslant\tau,\forall i\in\mathcal{N},t\in\mathcal{T} \tag{5-15d}$$

$$T_i^{\text{off}}(t)<\tau,\forall i\in\mathcal{N},t\in\mathcal{T} \tag{5-15e}$$

$$\sum_{i=1}^{N}\left((1-\alpha_i(t))E_i^{\text{loc}}(t)+\alpha_i(t)E_i^{\text{off}}(t)\right)\leqslant E_{\max},\forall t\in\mathcal{T} \tag{5-15f}$$

$$\sum_{i=1}^{N}I\left(\alpha_i(t)\neq 0\right)f_i^{\text{ex}}(t)\leqslant F(t),\forall t\in\mathcal{T} \tag{5-15g}$$

由式（5-11）和式（5-14）可知，长期平均代价与处理时延有关，而处理时延受到卸载任务量和卸载功率的影响。因此，在多设备的 MEC 系统中，通过优化卸载决策和卸载功率来最小化长期平均代价。式（5-15a）和式（5-15b）表示卸载决策和卸载功率的取值范围。式（5-15c）和式（5-15d）表示利用卸载计算和本地计算处理的任务需要在一个时隙内完成。式（5-15e）表示通过优化变量来抵抗干扰攻击，减少传输时间，保证卸载时间不超过一个时隙，确保完成状态更新。式（5-15f）保证所有设备的总能耗不超过设置的最大能耗。式（5-15g）保证分配给卸载设备的计算资源总和不超过 MEC 服务器的计算容量。由于在不同的时隙下信道条件等变量是随着时间动态变化的，传统的优化方法难以解决动态变化的场景，而强化学习能有效地解决这一问题。因此，采用强化学习来优化卸载决策和卸载功率，从而使目标函数最小。

5.4 MADDPG 算法

强化学习是通过单个代理与未知环境交互，从而使长期奖励最大化的一种有效方法。通过不断尝试，它可以让单个代理学习到最优的行为。强化学习由 3 个必要的变量组成：状态、动作和奖励。在每次迭代过程中，代理将从环境中选择当前的状态信息，并将它作为输入值，然后选择一个动作，环境会根据选择的动作值反馈给代理一个奖励，用来评价当前动作的好坏。通过反复试错，代理会倾向于选择使长期奖励增加的动作。

在多设备的 MEC 系统中，将每个设备视为一个代理，设备之外的一切被视为环境。考虑到卸载速率、设备的总能耗和 MEC 服务器计算容量的影响（如式（5-5）、式（5-15f）和式（5-15g）所示），其他设备的决策会对当前代理产生影响。由此可以看出，想要最小化长期平均代价，需要多个代理的相互协作才能实现。然而，在多代理的环境中，传统的强化学习是不适用的。这是因为在传统的强化学习中，每个代理只考虑最大化自身的奖励，没有考虑其他代理的影响。针对这一问题，多代理强化学习可以提供一个有效的解决方法。多代理强化学习允许多个代理通过相互协作来实现它们的目标。结合当前场景，代理 i 的状态、动作和奖励对应如下。

（1）状态

代理 i 在时隙 t 观察网络的情况，并且选择以下参数构成网络状态。

$\overline{A}_i$：代理 i 在时隙 t 的平均信息年龄。

$\varphi(t)$：MEC 服务器剩余的计算容量，其中 $\varphi(t)=F(t)-\sum\limits_{i=1}^{N}I\left(\alpha_i(t)\neq 0\right)f_i^{\text{ex}}$。

$E(t)$：N 个用户剩余的能耗，$E(t)=E_{\max}-\sum\limits_{i=1}^{N}\left((1-\alpha_i(t))E_i^{\text{loc}}(t)+\alpha_i(t)E_i^{\text{off}}(t)\right)$。

因此，代理 i 的状态可以表示为 $s_i(t)=(\overline{A}_i,\varphi(t),E(t))$，利用 S 表示状态空间，它由所有代理的状态组成，即 $S=\{s_1(t),s_2(t),\cdots,s_N(t)\}$。

（2）动作

代理 i 在时隙 t 的动作用 $a_i(t)$ 表示，它由以下参数组成。

$\alpha_i(t)$：代理 i 在时隙 t 的卸载因子。$\alpha_i(t)\in[0,1]$，$\alpha_i(t)=0$ 表示代理 i 选择完全本地计算；$\alpha_i(t)=1$ 表示代理 i 选择完全卸载给 AP 进行计算；$0<\alpha_i(t)<1$ 表示代理 i 选择部分卸载。

$p_i(t)$：代理 i 在时隙 t 的卸载功率。$p_i(t)$ 的取值范围为 $(0,P_{\max}]$。

因此，代理 i 的动作可以表示为 $a_i(t)=(\alpha_i(t),p_i(t))$，利用 A 表示动作空间，它

由所有代理的动作组成，即 $A=\{a_1(t),a_2(t),\cdots,a_N(t)\}$。

（3）奖励

在选择完动作 $a_i(t)$ 后，代理 i 将获得瞬时奖励值 $r_i(t)$。一般来说，奖励值应该和目标函数（式（5-11））是相关的。在此系统中，优化问题是最小化长期平均代价，而多代理强化学习的目标是获得最大奖励值。奖励与目标函数是负相关的，为了满足二者的要求，设置代理 i 在时隙 t 的奖励为

$$r_i(t)=-u_i(t) \tag{5-16}$$

其中，$u_i(t)$ 表示代理 i 在时隙 t 的代价。

由于动作的取值是连续的，可以采用基于策略的算法进行求解。考虑到有大量设备需要处理自身的计算任务，因此，代理的数量是非常大的。

基于策略的演员–评论家（Actor-Critic，AC）算法在单代理的环境中表现良好，但是随着代理数量的增加，方差也会变大，所以不适用于多代理的环境。多代理深度确定性策略梯度（Multi-Agent Deep Deterministic Policy Gradient，MADDPG）算法是 AC 算法的一种变体，它可以处理动态环境中环境与代理交互的问题，在代理 i 做决策时，会考虑其他代理的影响。通过多个代理的协作，共同最大化奖励值。针对上述优势，采用 MADDPG 算法来寻找最优的动作值，从而达到最小化目标函数的目的。

在 MADDPG 算法中，利用经验回放机制降低样本之间的相关性。通过代理与环境的交互，可以获得经验序列 (s_t,a_t,r_t,s_{t+1})，其中 s_t、a_t 和 r_t 分别表示状态、动作和奖励，s_{t+1} 表示下一个状态。所有代理的经验被存储在经验回放内存中。在训练过程中，从经验回放内存中随机抽取小批经验序列进行学习。MADDPG 算法主要由 AC 算法的框架组成。演员 A 主要由在线策略网络和目标策略网络组成。确定性策略 μ 直接从每步的动作中获得。评论家 C 主要由两个网络组成：在线 Q 网络和目标 Q 网络。演员–在线策略网络的更新主要由策略梯度来完成，策略梯度的表达式为

$$\nabla_{\theta^\mu} J(\theta^\mu) \approx \frac{1}{M}\sum_i \nabla_a Q(s_i,a\,|\,\theta^Q)|_{a=\mu(s_i)}\nabla_{\theta^\mu}\mu(s_i\,|\,\theta^\mu) \tag{5-17}$$

评论家–在线 Q 网络的参数由损失函数进行更新，损失函数的表达式为

$$L=\frac{1}{M}\sum_i \left(y_i-Q(s_i,a_i\,|\,\theta^Q)\right)^2 \tag{5-18}$$

其中，$y_i=r_i+\gamma Q'(s_{i+1},\mu'(s_{i+1}\,|\,\theta^{\mu'})\,|\,\theta^{Q'})$，$\gamma$ 表示折扣因子。

演员–目标策略网络和评论家–目标 Q 网络分别表示为

$$\theta^{\mu'} \leftarrow \tau\theta^\mu+(1-\tau)\theta^{\mu'} \tag{5-19}$$

$$\theta^{Q'} \leftarrow \tau\theta^{Q} + (1-\tau)\theta^{Q'} \tag{5-20}$$

其中，τ 代表更新参数，满足 $\tau \ll 1$，用来改善训练的稳定性。MADDPG 算法如算法 5-1 所示。

算法 5-1 MADDPG 算法

1) 对于每个设备 D_i，初始化演员网络 $\mu(s|\theta^{\mu})$、评论家网络 $Q(s,a|\theta^{Q})$；初始化权重 θ^{μ}、θ^{Q}、$\theta^{\mu'} \leftarrow \theta^{\mu}$ 和 $\theta^{Q'} \leftarrow \theta^{Q}$

2) 对于每次迭代，初始化随机过程 M 和状态 s_0

3) 根据式 $a_t = \mu(s_t|\theta^{\mu}) + M_t$ 选择动作

4) 执行动作 a_t，得到奖励 r_t，并转移到下一个状态 s_{t+1}

5) 在经验回放内存中存储经验序列 (s_t, a_t, r_t, s_{t+1})

6) 从经验回放内存中抽取小批量的样本进行训练

7) 根据式（5-17）更新演员-在线策略网络参数

8) 设定 $y_i = r_i + \gamma Q'(s_{i+1}, \mu'(s_{i+1}|\theta^{\mu'})|\theta^{Q'})$

9) 根据式（5-18）更新评论家-在线 Q 网络参数

10) 根据式（5-19）更新演员-目标策略网络参数

11) 根据式（5-20）更新评论家-目标 Q 网络参数

5.5 仿真结果与分析

5.5.1 参数设置

考虑不同工作模式、卸载功率和不同算法对长期平均代价的影响，设定设备被随机分布在 200 m×200 m 的区域内，与服务器相连的 AP 位于该区域的中心，干扰者在 AP 的附近。

输入任务的大小服从（100,500）的均匀分布，处理 1 bit 数据所需的 CPU 周期数为 2×10^3 cycle。信道带宽为 2 MHz，相应的噪声功率 $\sigma^2 = 3\times10^{-13}$ dB。可利用的 MEC 服务器的计算容量 $F(t)$=10 GHz/s。在本地计算阶段，每个设备的 CPU 的频率为 0.2 GHz/s。在传输过程中，单位干扰功率的代价 w=0.1，总干扰功率 $P_{\rm J}$=20 W。

5.5.2 卸载因子的影响

将设备的数量固定为 10 个，图 5-3 展示了在 3 种卸载因子 α 的作用下，不同

MEC 服务器的计算容量对长期平均代价的影响。这 3 种卸载因子分别表示本地计算（$\alpha=0$）、部分卸载（$\alpha=0.5$）和完全卸载（$\alpha=1.0$）。由图 5-3 可以看出，随着 MEC 服务器的计算容量的增加，部分卸载和完全卸载的长期平均代价都逐渐降低，而本地计算的长期平均代价保持不变。这是因为当 MEC 服务器的计算容量增加时，更多的设备可以通过将计算任务卸载给 MEC 服务器处理来获得状态更新。并且，对于本地计算来说，每个设备的状态更新不受 MEC 服务器的计算容量的影响。因此，通过部分卸载的方式和适当增加 MEC 服务器的计算容量，可以有效地降低长期平均代价。

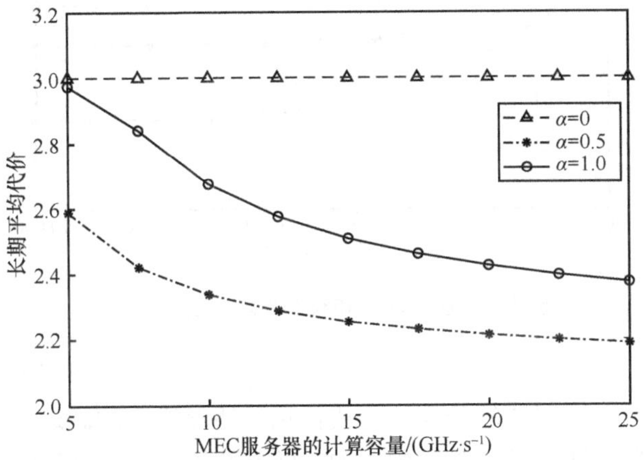

图 5-3　MEC 服务器的计算容量对长期平均代价的影响

5.5.3　优化卸载功率

考虑在部分卸载（$\alpha=0.5$）的情况下，利用 3 种不同的方案优化卸载功率，从而使长期平均代价最小，这 3 种方案表示如下。

（1）MADDPG 算法：主要应用的优化方案。

（2）AC 算法：每个设备不知道其他设备的信息，在训练过程中只知道自身的本地信息。

（3）Q 学习算法：每个设备不知道其他设备的信息，适用于小规模离散动作空间的优化。

设备数量为 10 个时，迭代次数和长期平均代价的关系如图 5-4 所示。从图 5-4 中可以看出，随着迭代次数的增加，长期平均代价逐渐降低。除此之外，MADDPG 算法在降低长期平均代价方面优于其他两种方案。这是因为 MADDPG 算法考虑到多个代理之间的相互协作，通过代理间的共同作用最大化奖励值。而

AC 算法和 Q 学习算法没有考虑到设备间的相互影响，只考虑自身的状态信息。从图 5-4 中还可以看出，MADDPG 算法的长期平均代价分别比 AC 算法和 Q 学习算法降低了 37.5%和 53.1%。

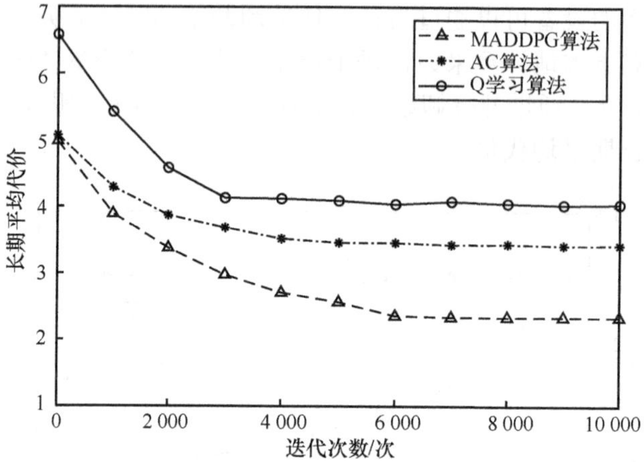

图 5-4　迭代次数和长期平均代价的关系

不同设备数量对长期平均代价的影响如图 5-5 所示。当设备数量从 10 个逐渐增加到 100 个时，3 种算法的长期平均代价也是逐渐增加的。这是因为 MEC 服务器的计算容量有限，随着设备数量的增加，每个设备获得的计算资源减少，因此处理时间增加，使长期平均代价增加。通过对图 5-5 中的数据进行分析可以发现，适当地减少设备数量，有利于降低长期平均代价。

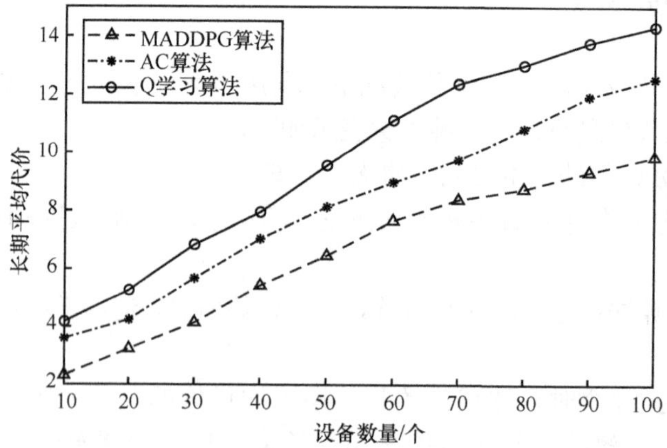

图 5-5　不同设备数量对长期平均代价的影响

参考文献

[1] LI C X, WANG H, SONG R F. Intelligent offloading for NOMA-assisted MEC via dual connectivity[J]. IEEE Internet of Things Journal, 2021, 8(4): 2802-2813.

[2] XUE J B, AN Y N. Joint task offloading and resource allocation for multi-task multi-server NOMA-MEC networks[J]. IEEE Access, 2021, 9: 16152-16163.

[3] DONG X Q, LI X H, YUE X W, et al. Performance analysis of cooperative NOMA based intelligent mobile edge computing system[J]. China Communications, 2020, 17(8): 45-57.

[4] PHAM H G T, PHAM Q V, PHAM A T, et al. Joint task offloading and resource management in NOMA-based MEC systems: a swarm intelligence approach[J]. IEEE Access, 2020, 8: 190463-190474.

[5] FANG F, XU Y Q, DING Z G, et al. Optimal resource allocation for delay minimization in NOMA-MEC networks[J]. IEEE Transactions on Communications, 2020, 68(12): 7867-7881.

[6] TRAN T X, PANDEY P, HAJISAMI A, et al. Collaborative multi-bitrate video caching and processing in mobile-edge computing networks[C]//Proceedings of 2017 13th Annual Conference on Wireless On-demand Network Systems and Services (WONS). Piscataway: IEEE Press, 2017: 165-172.

[7] LAN Y W, WANG X X, WANG D Y, et al. Task caching, offloading, and resource allocation in D2D-aided fog computing networks[J]. IEEE Access, 2019, 7: 104876-104891.

[8] LIAO Y Z, QIAO X H, SHOU L Q, et al. Caching-aided task offloading scheme for wireless body area networks with MEC[C]//Proceedings of 2019 NASA/ESA Conference on Adaptive Hardware and Systems (AHS). Piscataway: IEEE Press, 2019: 49-54.

[9] LI R, MA Q, GONG J, et al. Age of processing: age-driven status sampling and processing offloading for edge-computing-enabled real-time IoT applications[J]. IEEE Internet of Things Journal, 2021, 8(19): 14471-14484.

[10] KUANG Q B, GONG J, CHEN X, et al. Analysis on computation-intensive status update in mobile edge computing[J]. IEEE Transactions on Vehicular Technology, 2020, 69(4): 4353-4366.

[11] LIU L, QIN X Q, TAO Y Z, et al. Timely updates in MEC-assisted status update systems: joint task generation and computation offloading scheme[J]. China Communications, 2020, 17(8): 168-186.

[12] SONG X X, QIN X Q, TAO Y Z, et al. Age based task scheduling and computation offloading in mobile-edge computing systems[C]//Proceedings of 2019 IEEE Wireless Communications and Networking Conference Workshop (WCNCW). Piscataway: IEEE Press, 2019: 1-6.

[13] MAATOUK A, ASSAAD M, EPHREMIDES A. Minimizing the age of information: NOMA or OMA? [C]//Proceedings of IEEE Conference on Computer Communications Workshops (INFOCOM WKSHPS). Piscataway: IEEE Press, 2019: 102-108.

[14] PAN H Y, LIANG J X, LIEW S C, et al. Timely information update with nonorthogonal multiple access[J]. IEEE Transactions on Industrial Informatics, 2021, 17(6): 4096-4106.

[15] GÓMEZ J T, MORALES-CÉSPEDES M, ARMADA A G, et al. Minimizing age of information on NOMA communication schemes for vehicular communication applications[C]//Proceedings of

2020 12th International Symposium on Communication Systems, Networks and Digital Signal Processing (CSNDSP). Piscataway: IEEE Press, 2020: 1-6.

[16] WANG Q, CHEN H, LI Y H, et al. Minimizing age of information via hybrid NOMA/OMA[C]//Proceedings of 2020 IEEE International Symposium on Information Theory (ISIT). Piscataway: IEEE Press, 2020: 1753-1758.

第 6 章
合法主动监听技术

传统的无线通信安全通常假设正在通信的用户是合法的，研究旨在保证他们的私密性，从而免于被第三方恶意监听和干扰[1]。但从另一个角度看，在实际情况中这一设想并不完全成立，由于无线空中接口对授权用户和非法用户都是开放的，有许多新兴的无线网络应用（如利用蓝牙或 Wi-Fi 相连接的移动自组织网络、无人机通信等）容易被不法分子利用，从而危害社会安全或者侵害商业机密信息，这就对通信安全造成了新的挑战。从社会安全和商业等方面考虑，这些有害通信亟须政府授权监听和阻止。面对上述挑战，近年来出现了一种不同于传统无线物理层安全的合法监听技术，该技术通过利用政府授权的合法监听器对可疑的无线通信进行监听和干涉。

主动监听的监听器可以依靠如今大规模部署的无线通信基础设备，如蜂窝小基站、Wi-Fi 接入点等。这些通信设备往往能提供高速的通信链路且分布密集，几乎所有的可疑通信链路都能被覆盖。并且这些通信设备只需要签订授权协议、安装相应的监听和干扰软件就能成为监听可疑通信链路的监听器，从而构成一个合法监听网络。随着通信节点的密集部署与合作通信技术的发展，监听网络中的各个监听节点之间能够相互通信，从而进行合作监听。本章主要对合法主动监听技术的基本原理和性能评价指标进行阐述，对现有监听场景进行总结，并进一步梳理新兴通信技术与主动监听的结合。

6.1 主动监听基本原理

当正在通信的两端是非法用户时，他们通信的内容需要被监听，对于正在传播有害信息的通信需要被截获并制止。因此政府授权的合法监听技术在信息安全领域亟待研究。合法监听技术要完美覆盖所有可疑通信需要大量的监听器，而如今大规模分布的蜂窝基站和其他通信节点等基础设施在经过授权和安装软件后能实现监听功能，无线通信超密集网络的发展也成为合法监听技术的助力。此外，合法监听技术需要相关的授权部门对可疑和恶意的通信用户进行先验检测。得益于大数据分析技术，通过对通信网络中大量信息的收集和分析，合法监听技术可以轻易实现。首先，可疑用户往往传播敏感内容，如秘密犯罪活动、机密的商业信息等，通过信息采集和分析技术可以检测出这类敏感信息从而发现可疑用户[2]。其次，用户的移动路径也能辅助检测可疑用户，例如，当目标突然改变原来的路线而前往某些敏感场所时，检测到这些反常的路线可以帮助识别可疑用户。此外，恶意用户往往会组成团伙，通过检测某一个可疑用户的社会关系可以发现隐藏的犯罪团伙，提高检测效率[3]。在检测出可疑用户和恶意用户后，合法监听器将对这些用户实施进一步监听。

对于合法监听技术，监听器往往距离被监听者较远，而传统的被动监听对监听环境的需求很严格，需要监听链路的信道质量优于通信链路才能实现监听。在对非法用户进行监听时通常不具备被动监听的条件，监听效果差，这时就需要采取相关措施改善监听条件，将不能被监听的通信链路变为能被监听的通信链路。合法监听器最有效的措施是向通信接收节点发送人为干扰，被干扰的接收节点的信道质量变差，监听器在干扰之后将能够成功监听，这种能够主动采取措施影响被监听通信链路的技术称为主动监听。

为了对主动监听技术有更深入的了解，首先对经典的三点模型进行介绍[4]，如图 6-1 所示，一个合法监听器 E 对可疑通信链路 S-D 进行监听，在该模型中监听速率作为监听性能指标。

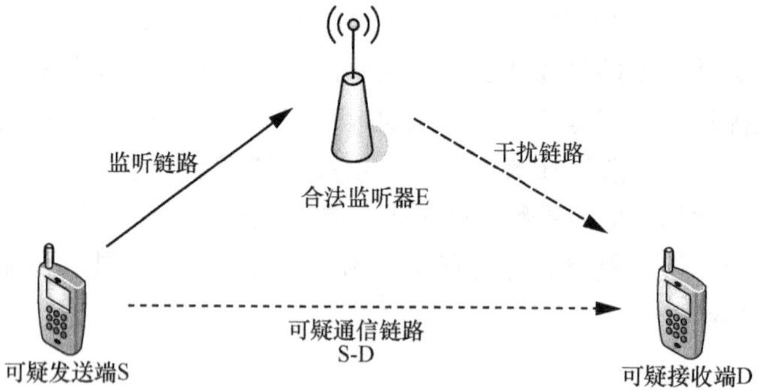

图 6-1　主动监听三点模型

令 R_1 和 R_0 分别代表监听链路和可疑通信链路 S-D 可达到的通信速率。当且仅当 R_1 不小于 R_0 时，合法监听器 E 才能够以任意小的错误概率对可疑通信链路进行

解码。因此，监听速率 R_{eav} 可表示为

$$R_{eav}=\begin{cases}R_0, R_1 \geqslant R_0 \\ 0, R_1 < R_0\end{cases} \tag{6-1}$$

与被动监听不同，在主动监听中 E 可以通过对 R_1 及 R_0 进行主动调节来提高 R_{eav} 。此外，E 通常工作于全双工模式，以便于对可疑链路进行主动干涉。因为 E 对链路的干扰和监听发生于同一时隙中，所以 E 发送的干扰信号会对自身监听天线产生自干扰。在这种情况下，为了保持主动监听的性能，E 可以将干扰天线和监听天线设置在不同的位置，并采用先进的模拟和数字自干扰消除技术减小自干扰[5]。

6.1.1　监听器主动干扰与中继

当 $R_1 < R_0$ 时，根据传统的被动监听方法可知 R_{eav}=0 。该情况下，监听器 E 主动向可疑接收端 D 发送干扰信号降低 R_0，以此来增加 R_{eav} 。当 R_0 降低到小于 R_1 时，监听器 E 可以对可疑链路的通信内容进行有效解码。

对干扰信号的设计通常有两种方法：一是 E 向 D 发送人造的高斯噪声，减少 D 所接收信号的信噪比（Signal to Noise Ratio，SNR）和 R_0；二是 E 将监听到的来自 S 的可疑信号与高斯噪声混合处理后再转发给 D，该方法较第一种方法干扰性能更强，因为该方法不仅增加了噪声，还降低了有效信息功率，但实现起来较困难。

当 $R_1 \geqslant R_0$ 时，根据传统的被动监听方法可知 R_{eav}=R_0 。该情况下，监听器 E 通过作为全双工中继对接收到的信号进行转发来提高 R_{eav} 。转发的消息能增大 D 的 SNR、增加 R_0，进而提高 R_{eav} 。在实际的衰落信道环境中，信道状态信息会在不同时刻发生变化，因此需要主动地在干扰模式和中继模式之间转换。

6.1.2　主动欺骗方法

除了对可疑接收端 D 进行干涉外，还可以通过对可疑发送端 S 进行干涉来实现主动监听。以时分多址多天线传输方案为例，S 根据 D 提供的反向链路信道估计信号设计发送的波束成形矢量。在这种情况下，E 可以向 S 发送欺骗导频信号，使其估计一个虚假信道，并改变其波束的形成方向，使信号不利于 D 接收。此外，E 还可以通过欺骗上层控制协议来提高物理层 R_{eav} 。如果可疑链路采用混合自动重传请求（Hybrid Automatic Repeat Request，HARQ）协议，E 可以将从 D 到 S 的 ACK 修改为 NACK，使 S 增加重传次数，有效地提高 R_1 和减小 R_0。

6.1.3 多监听器联合监听方法

在实际的网络中，多组可疑用户可能利用多个可疑链路进行通信，E 之间需要相互配合，主动监听这些链路。根据可疑通信和 E 的拓扑结构，每个 E 可能会工作于多个频段，此外，一些 E 可能会对其他 E 进行监听。因此，必须进行全网优化，以便确定多个 E 的工作模式（如监听、干扰或中继）、监听或干扰频带以及监听可疑用户的选择。为了实现上述目标，E 可以首先粗略地监听和分析所有可疑用户，确定用户的优先级列表，再将有限的资源集中到最关键或最重要的节点上。

6.2 监听性能评价指标

在主动监听系统中，根据优化目标的不同，评价监听性能的指标也有所不同。常见的监听性能评价指标介绍如下。

6.2.1 监听速率

监听速率可以直观地表示当前主动监听系统的监听性能，也是监听系统中最重要的评价指标[4]。通过对监听器干扰及中继模式的选择和对应功率的优化，可以提高监听速率。

通过构建以最大化监听速率为目标的优化问题，可以改善主动监听系统的监听性能。以图 6-1 的三点模型为例，定义 h_0 为可疑发送端到可疑接收端的信道系数，h_1 为可疑发送端到监听器监听天线的信道系数，h_2 为监听器干涉天线到可疑接收端的信道系数。所有的信道系数均服从复高斯分布，则对应信道的信道增益为 $g_0=|h_0|^2$、$g_1=|h_1|^2$ 和 $g_2=|h_2|^2$。

如果可疑链路未被监听，合法监听器需要向可疑接收端发射功率为 q 的人为干扰噪声，此时可疑接收端和监听器监听天线接收到的信号分别为

$$y_{\mathrm{D}}^{(\mathrm{J})}=\sqrt{P}h_0 s+\sqrt{q}h_2 x+n_{\mathrm{D}} \tag{6-2}$$

$$y_{\mathrm{E}}^{(\mathrm{J})}=\sqrt{P}h_1 s+n_{\mathrm{E}}^{(\mathrm{J})} \tag{6-3}$$

其中，P 为 S 发送的可疑信号功率，s 和 x 分别为可疑发送端的发送信号和合法监听器的干涉信号，n_{D} 和 $n_{\mathrm{E}}^{(\mathrm{J})}$ 分别为可疑接收端和合法监听器监听天线的加性噪声，均值为 0、方差为 σ^2。通常情况下，为了简化研究监听器性能极限的问题复杂度，

全双工监听器采用先进的数模自干扰消除技术。根据可疑接收端和监听器收到的信号，可以得到可疑接收端的信干噪比和监听器监听天线的信噪比分别为

$$\gamma_{\mathrm{D}}^{(\mathrm{J})}=\frac{g_0 P}{g_1 q+\sigma_{\mathrm{D}}^2} \tag{6-4}$$

$$\gamma_{\mathrm{E}}^{(\mathrm{J})}=\frac{g_1 P}{\sigma_{\mathrm{E}}^2} \tag{6-5}$$

由式（6-4）和式（6-5）可知，通过主动干扰模式得到的可疑链路传输速率和合法监听器的监听链路传输速率分别为

$$R_{\mathrm{D}}^{(\mathrm{J})}=\mathrm{lb}(1+\gamma_{\mathrm{D}}^{(\mathrm{J})}) \tag{6-6}$$

$$R_{\mathrm{E}}^{(\mathrm{J})}=\mathrm{lb}(1+\gamma_{\mathrm{E}}^{(\mathrm{J})}) \tag{6-7}$$

如果可疑链路已被监听，此时为了进一步提高监听器的监听性能，即监听速率，监听器会将监听到的信息划分为两部分，一部分用于解码监听，另一部分在重组之后放大转发给可疑接收端，以此提高可疑链路传输速率 R_{D}，进而提高监听器的监听速率 R_{eav}。中继之后可疑接收端接收到的信号和监听器用来解码监听的信号分别为

$$y_{\mathrm{D}}^{(\mathrm{R})}=\left(\sqrt{\phi}\rho h_1 h_2+h_0\right)\sqrt{P}s+\rho h_2 n_{\mathrm{E}}^{(\mathrm{R})}+n_{\mathrm{D}} \tag{6-8}$$

$$y_{\mathrm{E}}^{(\mathrm{R})}=\sqrt{(1-\phi)P}h_1 s+n_{\mathrm{E}}^{(\mathrm{D})} \tag{6-9}$$

其中，$\phi\in[0,1]$ 为监听功率划分系数，可将监听器监听到的信号划分为两部分；$\rho=\sqrt{\dfrac{q}{\phi g_1 P+\sigma^2}}$ 为监听器中继放大系数；$n_{\mathrm{E}}^{(\mathrm{R})}$ 和 $n_{\mathrm{E}}^{(\mathrm{D})}$ 分别为合法监听器中继和解码产生的加性噪声，均值为 0、方差为 σ^2；根据中继之后可疑接收端接收到的信号和监听器解码的信号，可以得到可疑接收端的信干噪比和监听器监听天线的信噪比分别为

$$\gamma_{\mathrm{D}}^{(\mathrm{R})}=\frac{(\phi\rho^2 g_1 g_2+g_0)P}{(\rho^2 g_2 q+1)\sigma^2} \tag{6-10}$$

$$\gamma_{\mathrm{E}}^{(\mathrm{R})}=\frac{(1-\phi)g_1 P}{\sigma^2} \tag{6-11}$$

由式（6-10）和式（6-11）可知，通过中继模式得到的可疑链路传输速率和合法监听器的监听链路传输速率分别为

$$R_{\mathrm{D}}^{(\mathrm{R})}=\mathrm{lb}(1+\gamma_{\mathrm{D}}^{(\mathrm{R})}) \tag{6-12}$$

$$R_{\mathrm{E}}^{(\mathrm{R})}=\mathrm{lb}(1+\gamma_{\mathrm{E}}^{(\mathrm{R})}) \tag{6-13}$$

由式（6-6）、式（6-7）、式（6-12）和式（6-13）可知，可构建可疑链路监听速率最大化的优化问题为

$$\begin{aligned}
&\max_{\substack{\{q\geqslant 0,\gamma\in\{0,1\},\\ \alpha\in\{0,1\},0\leqslant\phi\leqslant 1\}}} (1-\gamma)\alpha R_{\mathrm{D}}^{(\mathrm{J})}+\gamma R_{\mathrm{D}}^{(\mathrm{R})}\\
&\text{s.t.}\quad \text{C1}：(1-\gamma(l))\alpha R_{\mathrm{E}}^{(\mathrm{J})}\geqslant(1-\gamma)\alpha R_{\mathrm{D}}^{(\mathrm{J})}\\
&\qquad\ \ \text{C2}：\gamma R_{\mathrm{E}}^{(\mathrm{R})}\geqslant\gamma R_{\mathrm{D}}^{(\mathrm{R})}\\
&\qquad\ \ \text{C3}：q\leqslant Q
\end{aligned}\tag{6-14}$$

其中，$\gamma\in\{0,1\}$是监听器采取两种干涉方式的指示因子，$\gamma=0$表示合法监听器对可疑链路进行干扰，$\gamma=1$表示合法监听器对可疑链路进行放大转发；$\alpha\in\{0,1\}$是可疑链路是否成功被监听的指示因子，$\alpha=1$表示可疑链路已被监听，$\alpha=0$表示未被成功监听；约束C1和C2保证每条可疑链路最终都能够被成功监听，约束C3是监听器的能量限制条件。通过对优化问题进行求解，即可得出最优的监听方案。

6.2.2 监听能量效率

实际应用中，监听器往往是一个能量受限设备，因此监听器的能耗也是一个非常重要的性能指标。为了综合考虑监听速率和监听能效，可将监听器的监听能耗作为主要的优化目标[6]，同时将监听成功率和监听速率置于优化条件中考虑。此外，监听能效往往用于评判监听器对多可疑链路进行监听时的能量效率。

设监听器对N条可疑链路进行监听，将所有链路按照可疑链路成功监听条件分为两个集合。对于集合Ω_1中的可疑链路，当合法监听器对它的干扰达到一定程度时，监听器能成功监听并且监听速率从无到有，这时的监听速率定义为$r_{\mathrm{eav1}}(l)$；对于集合Ω_2中的可疑链路，当合法监听器利用一部分监听到的信息对可疑接收端进行欺骗中继时，监听器的监听速率能进一步提升，定义此时的监听速率为$r_{\mathrm{eav2}}(l)$。本节沿用6.2.1节中的指示因子$\alpha(l)$，定义可疑链路的两种状态为

$$\alpha(l)=\begin{cases}1, & \gamma_{\mathrm{E}}(l)\geqslant\gamma_{\mathrm{D}}(l)\\ 0, & 其他\end{cases}\tag{6-15}$$

由此可将监听器的总监听速率定义为

$$R_{\mathrm{eav}}=\sum_{l\in\Omega_1}\alpha(l)r_{\mathrm{eav1}}(l)+\sum_{l\in\Omega_2}r_{\mathrm{eav2}}(l)\tag{6-16}$$

定义监听能效η为

$$\eta=\frac{R_{\mathrm{eav}}-R_{\mathrm{eav}}^{(0)}}{\sum_{l=1}^{N}q(l)}\tag{6-17}$$

其中，$R_{\text{eav}}^{(0)} = \sum_{l\in\Omega_2} R_{\text{D}_2}^{(0)}(l)$ 为合法监听在干涉可疑链路之前的监听速率，$\sum_{l=1}^{N} q(l)$ 为对所有监听链路发送的干扰信号的总功率。

当以最大化监听能效为优化目标时，可建立如下优化问题

$$\begin{aligned} &\max \eta \\ &\text{s.t. C1}: \sum_{l=1}^{N} \alpha(l) q(l) \leqslant Q \\ &\text{C2}: R_{\text{E}}(l) \geqslant R_{\text{D}}(l), \forall l \end{aligned} \tag{6-18}$$

其中，约束 C1 保证了监听器发送的干扰功率满足它能发射的最大值，约束 C2 保证了每条链路都可被成功监听。通过对该混合整数非线性规划（Mixed Integer Nonlinear Programming，MINLP）问题进行转换求解（具体解法见第 8 章），即可得到最优的监听能效。

6.2.3　监听非中断概率

监听非中断概率可反映监听器成功监听的能力，该监听性能指标通常用于可疑发送端以恒定速率发送可疑信息且监听器距离较远的情况，与监听速率相乘可表示为平均监听速率（Average Eavesdropping Rate，AER），最大化 AER 可提高主动监听的监听性能[7]。同样以图 6-1 中的三点模型为例，定义 h_0 为可疑发送端到可疑接收端的信道系数，h_1 为可疑发送端到监听器监听天线的信道系数，h_2 为监听器干涉天线到可疑接收端的信道系数。所有的信道系数均服从复高斯分布，则对应信道的信道增益分别为 $g_0 = |h_0|^2$、$g_1 = |h_1|^2$ 和 $g_2 = |h_2|^2$。假设可疑发送端以恒定功率 P 发送可疑信号，合法监听器以功率 Q 来发送干扰信号，因此可疑接收端的信干噪比和合法监听器监听天线的信噪比分别表示为

$$\gamma_{\text{D}} = \frac{g_0 P}{g_2 Q + \sigma_{\text{D}}^2} \tag{6-19}$$

$$\gamma_{\text{E}} = \frac{g_1 P}{\sigma_{\text{E}}^2} \tag{6-20}$$

其中，σ_{D}^2 和 σ_{E}^2 分别表示可疑接收端和合法监听器接收到的噪声功率。此外，一般认为合法监听器的自干扰可以被先进的数字模拟技术完美消除。因此可疑链路和监听链路能够达到的通信速率分别为

$$r_{\text{D}} = \text{lb}\left(1 + \frac{g_0 P}{g_2 Q + \sigma_{\text{D}}^2}\right) \tag{6-21}$$

$$r_{\mathrm{E}} = \mathrm{lb}\left(1+\frac{g_1 P}{\sigma_{\mathrm{E}}^2}\right) \tag{6-22}$$

设可疑发送端不知道可疑链路的瞬时 CSI，因此可疑发送端在所有传输块上使用固定的传输速率，用R表示。在每个时隙中，当通信速率r_{D}（或r_{E}）不小于R时，则可疑接收端（或合法监听器）可以成功解码可疑发送端发送的消息；否则不能成功解码，并视为一次中断。由此可得可疑接收端和合法监听器的中断概率分别为

$$P_{\mathrm{D}}^{\mathrm{out}} = P, r_{\mathrm{D}} < R \tag{6-23}$$

$$P_{\mathrm{E}}^{\mathrm{out}} = P, r_{\mathrm{E}} < R \tag{6-24}$$

因此，定义监听非中断概率为$1-P_{\mathrm{E}}^{\mathrm{out}}$，成功监听时的速率为$R$，一段时间内的 AER 为

$$R^{\mathrm{avg}} \triangleq R(1-P_{\mathrm{E}}^{\mathrm{out}}) \tag{6-25}$$

实际应用中，可疑发送端通过调整通信速率R使可以接受的中断概率保持在一个较小的值，即$P_{\mathrm{D}}^{\mathrm{out}}=\delta$，$\delta>0$表示目标中断概率；监听器通过调整干扰信号功率$Q$来减小可疑链路的通信速率$r_{\mathrm{D}}$，以此来降低$R$并实现$P_{\mathrm{D}}^{\mathrm{out}}=\delta$。以最大化平均监听速率$R^{\mathrm{avg}}$为优化目标，可以保证监听非中断概率在尽可能大的同时监听到更多内容。

6.3 监听场景分类

不同监听场景下的监听目标不同，需要根据当前场景制定对应的优化目标，以实现系统中的整体监听性能最优。

6.3.1 单可疑链路

单可疑链路是主动监听中最基本的场景，包括点对点可疑链路的多种实现形式，许多研究内容都是以单可疑链路模型为基础进行扩展的。文献[3]提出了多天线合法监听器模型，并设有功率分割器将合法监听器接收到的信号划分为两部分，一部分用于监听信息，另一部分用于欺骗中继，通过优化分割率来最大化监听速率。文献[5-7]根据基本的点对点可疑链路模型设置了不同的监听性能评价指标，并分别进行了优化。其中文献[7]以单可疑链路为基础，首次提出了主动监听的概念，并介绍了主动监听的应用场景及基本的改善监听性能的方法。除此之外，也可利用多监听器对单可疑链路进行联合监听，进而改善监听性能[8]。

6.3.2 多可疑链路

多可疑链路是单可疑链路的扩展场景，与单可疑链路不同的是，当监听器面对多条链路时，监听目标不再局限于使某条链路的监听性能指标最优，而是考虑全局可疑链路的监听性能。因此，在建立优化问题时，往往将性能指标加上角标以代表不同的信道，并对所有信道的性能指标进行求和，来实现模型整体性能最优[9-12]。文献[9]首次提出单合法监听器对两条可疑链路进行干扰的主动监听模型，为了便于并发监听，合法监听器设有多天线并可以选择性地对可疑接收端进行干扰。文献[10]提出了单合法监听器对多可疑链路的监听模型，并提出了对合法监听器干扰及中继模式选择和干扰功率分配的联合优化问题，实现了多可疑链路的总监听速率最大。文献[11]考虑了双合法监听器对多链路的监听模型，并设计了多代理强化学习算法来实现最优的干扰功率分配。

此外，对不同的可疑链路来说，其重要程度往往不同，因此还需设立监听优先级，改善系统性能。以图 6-2 所示的模型为例，一个全双工合法监听器对 N 条可疑链路进行监听。对单可疑链路模型的优化问题进行扩展，可知该多可疑链路模型的优化目标为

$$\begin{aligned}&\max_{\substack{\{q(l)\geqslant 0,\gamma(l)\in\{0,1\},\\ \alpha(l)\in\{0,1\},0\leqslant\phi(l)\leqslant 1\}}}\sum_{l=1}^{N}\left((1-\gamma(l))\alpha(l)\beta_l R_{\mathrm{D}}^{(\mathrm{J})}(l)+\gamma(l)\beta_l R_{\mathrm{D}}^{(\mathrm{R})}(l)\right)\\ &\text{s.t.}\quad (1-\gamma(l))\alpha(l)\beta_l R_{\mathrm{E}}^{(\mathrm{J})}(l)\geqslant(1-\gamma(l))\alpha(l)\beta_l R_{\mathrm{D}}^{(\mathrm{J})}(l),l\in\Omega\\ &\qquad\ \gamma(l)R_{\mathrm{E}}^{(\mathrm{R})}(l)\geqslant\gamma(l)R_{\mathrm{D}}^{(\mathrm{R})}(l),l\in\Omega\\ &\qquad\ \sum_{l=1}^{N}q(l)\leqslant Q\end{aligned}\tag{6-26}$$

其中，可疑链路 $l\in\Omega$ ，$\Omega=\{1,2,\cdots,N\}$ ；β_l 表示第 l 条可疑链路传输信号的危害程度。由此优化后的监听策略能让监听器在考虑监听性能的同时也倾向于监听更有危害的信息。

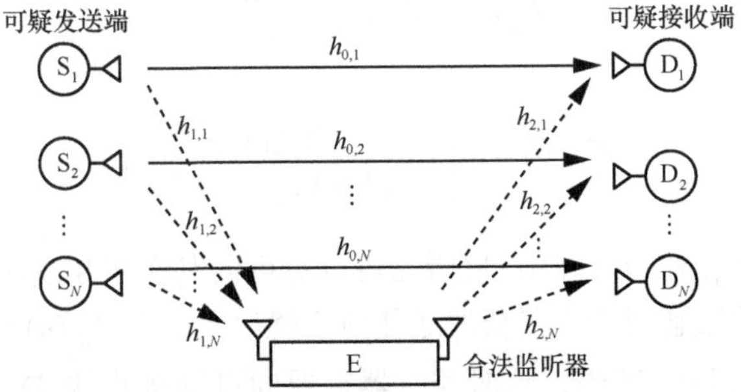

图 6-2 多可疑链路主动监听模型

6.3.3 无人机主动监听

随着通信技术的发展，基于 5G 的无人机（Unmanned Aerial Vehicle，UAV）系统逐渐成为应用于各种场景的首选技术。然而随着无人机无线通信活动的增加，有必要对可疑通信进行监控[12]。对无人机的主动监听通常考虑图 6-3 所示的模型，可疑发送端 S 和可疑接收端 D 以一个相同的恒定速度向最终地点飞去，途中 S 向 D 发送可疑信号，为了对可疑信号进行主动监听，合法监听器 E 以速度 v 飞行，并且起始地点和最终地点与 S 和 D 相同。

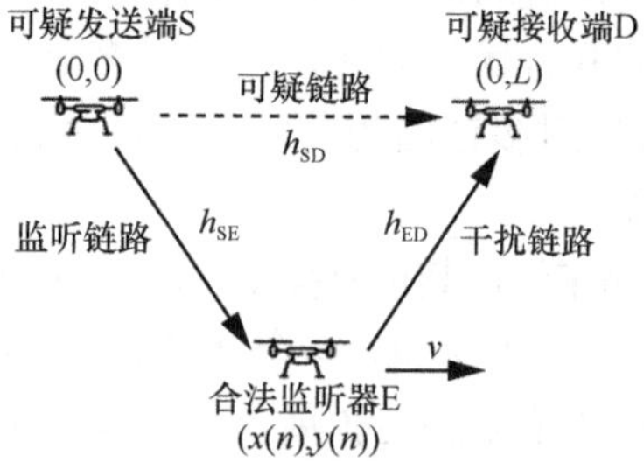

图 6-3 UAV-UAV 通信系统主动监听模型

与基本的三点模型类似，合法监听器 E 在时隙 n 监听到的速率可表示为

$$R_{SE}(n) = \text{lb}\left(1 + \frac{P_S h_{SE}(n)}{N_0}\right) \tag{6-27}$$

其中，可疑发送端 S 以恒定功率 P_S 发送可疑信号，N_0 表示噪声。

当合法监听器 E 在时隙 n 不向可疑接收端 D 发送干扰信号与向可疑接收端 D 发射功率为 $Q_J(n)$ 的干扰信号时，可疑链路 S-D 间可达到的传输速率分别为

$$R_{SD}(n) = \text{lb}\left(1 + \frac{P_S h_{SD}(n)}{N_0}\right) \tag{6-28}$$

$$R_{SD}^*(n) = \text{lb}\left(1 + \frac{P_S h_{SD}(n)}{Q_J(n) h_{ED}(n) + N_0}\right) \tag{6-29}$$

在 $R_{SE}(n) \geqslant R_{SD}(n)$ 的时隙中，监听器可以对可疑发送端 S 发送的可疑信号以无限小的错误概率继续解码而不需要发送任何干扰信号，当 $R_{SE}(n) < R_{SD}(n)$ 时，监听器不能对可疑信号进行解码，这时监听器需要向可疑接收端 D 发送干扰信号将 $R_{SD}(n)$ 降低到 $R_{SD}^*(n)$，直至实现 $R_{SE}(n) \geqslant R_{SD}^*(n)$。

6.3.4　NOMA 网络主动监听

NOMA 技术作为一种很有应用前景的技术，可以使用连续自干扰消除对同一频谱中的多个复用用户进行解码，来支持未来网络中的大规模连接。近年来，国内外学者对 NOMA 网络中的资源配置优化问题进行了大量研究。此外，通过主动监听的合法监听是对恐怖分子及可疑链路进行监听的有效方法。然而由于干扰信号势必会降低监听器自身的 SINR，因此需要对干扰功率进行优化设计。

文献[13]考虑了一个下行可疑 NOMA 通信网络，该网络由多组可疑用户组成，全双工监听器设有一个串行干扰抵消解码器，假设同组的可疑用户采用 NOMA 技术通信，不同组的可疑用户采用正交子信道。此外，假设监听器可以在监听可疑通信的同时发送干扰信号。考虑到监听器不能完美地进行自干扰消除，对监听器的干扰功率分配和解码顺序进行联合优化，使其成功监听到的信道数达到最大。监听器上的最优译码顺序被证明与可疑用户的最优译码顺序相同。

6.4　与其他新技术的结合

在实际应用中，受部署环境及应用场景的影响，监听性能往往达不到要求，因此需要将主动监听技术与其他新兴通信技术结合，以提升监听性能。

6.4.1　主动监听与放大转发技术结合

当合法监听器不能直接对可疑发送端进行监听时，即合法监听器与可疑源之间没有直传链路，可利用具有放大转发（Amplify and Forward，AF）技术的中继设备主动监听来提高监听性能[14-15]。中继设备辅助主动监听系统模型如图 6-4 所示。

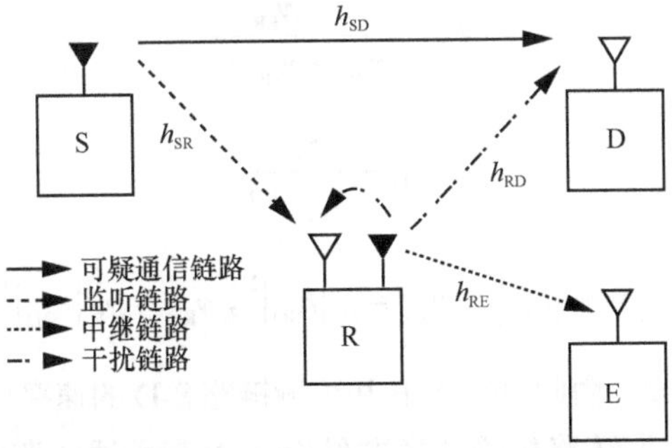

图 6-4　中继设备辅助主动监听系统模型

主动监听网络含有一个可疑发送端 S、一个可疑接收端 D、一个合法监听器 E 和一个 AF 中继设备 R，该中继设备可以发送干扰信号。S、D 和 E 都含有一根天线，且均工作于半双工状态。而辅助监听中继 R 具有两根天线，可工作于全双工状态。S-R 监听链路、S-D 可疑通信链路、R-D 干扰链路和 R-E 中继链路的信道系数分别表示为 h_{SR}、h_{SD}、h_{RD} 和 h_{RE}。S 在时隙 t 发送可疑信号 $s(t)$ 给 D，此时 R 接收到 $s(t)$ 对其放大之后广播。因此 D 和 R 接收到的信号分别为

$$y_{\mathrm{D}}(t)=\sqrt{P_{\mathrm{S}}}h_{\mathrm{SD}}s(t)+\sqrt{P_{\mathrm{R}}}h_{\mathrm{RD}}x(t)+n_{\mathrm{D}}(t) \tag{6-30}$$

$$y_{\mathrm{R}}(t)=\sqrt{P_{\mathrm{S}}}h_{\mathrm{SR}}s(t)+\sqrt{P_{\mathrm{R}}}h_{\mathrm{RR}}x(t)+n_{\mathrm{R}}(t) \tag{6-31}$$

其中，P_{S} 和 P_{R} 分别为 S 和 R 的发射功率，$x(t)$ 为 R 以单位功率转发的信号，$n_{\mathrm{D}}(t)$ 和 $n_{\mathrm{R}}(t)$ 分别为 D 和 R 接收到的 AWGN。此外，考虑中继有不可忽略的处理时延 τ，且 $\tau>T$，T 为整个传输采样周期，则 R 处的转发信号 $x(t)$ 可表示为

$$x(t)=Gy_{\mathrm{R}}(t-\tau) \tag{6-32}$$

其中，$G=\dfrac{1}{P_{\mathrm{S}}\left|h_{\mathrm{SR}}\right|^2+P_{\mathrm{R}}\left|h_{\mathrm{RR}}\right|^2+N_0}$ 表示功率放大系数。

此时，D 接收到的信号可表示为

$$\begin{aligned}y_{\mathrm{D}}(t)=&\sqrt{P_{\mathrm{S}}}h_{\mathrm{SD}}s(t)+\sqrt{P_{\mathrm{R}}}h_{\mathrm{RD}}G(\sqrt{P_{\mathrm{S}}}h_{\mathrm{SR}}s(t-\tau)+\\&\sqrt{P_{\mathrm{R}}}h_{\mathrm{RR}}x(t-\tau)+n_{\mathrm{R}}(t-\tau))+n_{\mathrm{D}}(t)\end{aligned} \tag{6-33}$$

监听器 E 接收到的信号可表示为

$$y_{\mathrm{E}}(t)=\sqrt{P_{\mathrm{R}}}h_{\mathrm{RE}}G(\sqrt{P_{\mathrm{S}}}h_{\mathrm{SR}}s(t-\tau)+\sqrt{P_{\mathrm{R}}}h_{\mathrm{RR}}x(t-\tau)+n_{\mathrm{R}}(t-\tau))+n_{\mathrm{E}}(t) \tag{6-34}$$

其中，$n_{\mathrm{E}}(t)$ 为 E 处的高斯白噪声。

由式（6-33）和式（6-34）可以得到 E 和 D 处的 SINR 分别为

$$\varGamma_{\mathrm{E}}=\frac{\gamma_{\mathrm{RE}}\gamma_{\mathrm{SR}}}{\gamma_{\mathrm{RE}}+\gamma_{\mathrm{SR}}+1} \tag{6-35}$$

$$\varGamma_{\mathrm{D}}=\frac{\gamma_{\mathrm{SD}}}{\gamma_{\mathrm{RD}}+1} \tag{6-36}$$

其中，$\gamma_{\mathrm{RE}}=\gamma_{\mathrm{R}}\left|h_{\mathrm{RE}}\right|^2$，$\gamma_{\mathrm{SR}}=\gamma_{\mathrm{S}}\left|h_{\mathrm{SR}}\right|^2$，$\gamma_{\mathrm{SD}}=\gamma_{\mathrm{S}}\left|h_{\mathrm{SD}}\right|^2$，$\gamma_{\mathrm{RD}}=\gamma_{\mathrm{R}}\left|h_{\mathrm{RD}}\right|^2$，$\gamma_{\mathrm{S}}=\dfrac{P_{\mathrm{S}}}{N_0}$ 和 $\gamma_{\mathrm{R}}=\dfrac{P_{\mathrm{R}}}{N_0}$ 分别为S和R的传输SNR。由此可知，S-E和可疑链路S-D的速率分别为 $C_{\mathrm{E}}=\mathrm{lb}(1+\varGamma_{\mathrm{E}})$ 和 $C_{\mathrm{D}}=\mathrm{lb}(1+\varGamma_{\mathrm{D}})$。根据链路传输速率并结合 6.2 节所述的监听性能指标即可建立相应的优化问题。

6.4.2　主动监听与多天线技术结合

图 6-5 为多天线中继协作的合法监听系统。其中，合法监听器 E 在中继 R 的帮助下监听可疑发送端 S 与可疑接收端 D 之间的信号。中继 R 工作在双全工模式，帮助合法监听器 E 转发信息并向 D 发送干扰信号。这里考虑监听器 E 与可疑接收端 D 都只配有一根天线，可疑发送端 S 配有 N 根天线，中继 R 配有 $2M$ 根天线，其中 M 根天线用于信号的接收，另外 M 根天线用于信号转发以及干扰信号的传输。

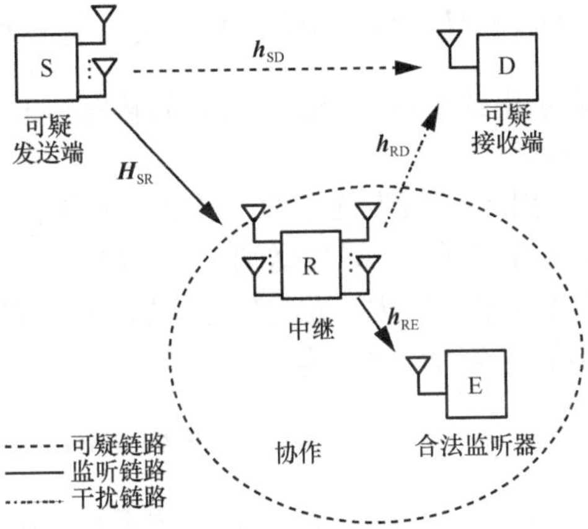

图 6-5　多天线中继协作的合法监听系统

假设可疑发送端 S 以功率 P_S 发出消息 $\boldsymbol{w}_S x_S$，中继 R 也可以接收到该信息，而发送端 S 和合法监听器 E 之间没有直传链路，则中继 R 所接收到的信息为

$$\boldsymbol{y}_R = \sqrt{P_S}\boldsymbol{H}_{SR}\boldsymbol{w}_S x_S + \boldsymbol{n}_R \tag{6-37}$$

其中，$\boldsymbol{w}_S$ 表示发送端波束矢量且功率归一化，即 $\|\boldsymbol{w}_S\|=1$，$\boldsymbol{H}_{SR} \in \mathbb{C}^{N\times M}$ 表示可疑发送端与中继之间的信道矩阵，$\boldsymbol{n}_R$ 表示中继节点处的 AWGN。随着自干扰消除技术的发展，回路干扰可以被抑制到可容忍的噪声水平，因此这里不考虑在中继节点产生的自干扰。

考虑中继工作在全双工模式并与合法监听器形成合作关系，一方面，中继采用放大转发协议，向合法监听器放大转发接收到的可疑发送端的信息 $\boldsymbol{y}_R$，另一方面，中继对可疑接收端发送干扰信息 $\boldsymbol{w}_J z$ 来提升信息监听的性能。中继节点消耗的总功率为 P，中继转发的信号可以表示为

$$\boldsymbol{x}_R = \sqrt{P_R}\,\mathrm{diag}(\boldsymbol{y}_R) + \sqrt{P_J}\boldsymbol{w}_J z \tag{6-38}$$

其中，$P_R + P_J = P$，P_R 为放大转发的功率，P_J 为发送干扰信号的功率，$\boldsymbol{w} \in \mathbb{C}^{M\times 1}$ 为

转发波束矢量且功率归一化，即$\|\boldsymbol{w}\|^2=1$，$\boldsymbol{w}_{\mathrm{J}}\in\mathbb{C}^{M\times1}$为干扰波束矢量，功率归一化，即$\|\boldsymbol{w}_{\mathrm{J}}\|^2=1$。

考虑合法监听器距离可疑链路较远，与可疑发送端之间没有直传链路，因此其可以接收到的信号分为3个部分，一是中继节点放大转发的信源信号（其中也包含了放大的中继节点的信道噪声），二是中继发送的干扰信号，三是监听器的信道噪声。那么合法监听器接收到的信号可以表示为

$$\begin{aligned}&\boldsymbol{y}_{\mathrm{E}}=\sqrt{P_{\mathrm{R}}}\boldsymbol{h}_{\mathrm{RE}}\mathrm{diag}(\boldsymbol{w})\boldsymbol{y}_{\mathrm{R}}+\sqrt{P_{\mathrm{J}}}\boldsymbol{h}_{\mathrm{JE}}\boldsymbol{w}_{\mathrm{J}}z+\boldsymbol{n}_{\mathrm{E}}=\\&\sqrt{P_{\mathrm{S}}}\sqrt{P_{\mathrm{R}}}\boldsymbol{h}_{\mathrm{RE}}\mathrm{diag}(\boldsymbol{w})\boldsymbol{H}_{\mathrm{SR}}\boldsymbol{w}_{\mathrm{S}}x_{\mathrm{S}}+\sqrt{P_{\mathrm{J}}}\boldsymbol{h}_{\mathrm{JE}}\boldsymbol{w}_{\mathrm{J}}z+\sqrt{P_{\mathrm{R}}}\boldsymbol{h}_{\mathrm{RE}}\mathrm{diag}(\boldsymbol{w})\boldsymbol{n}_{\mathrm{R}}+\boldsymbol{n}_{\mathrm{E}}\end{aligned}\tag{6-39}$$

其中，$\boldsymbol{h}_{\mathrm{RE}}$和$\boldsymbol{h}_{\mathrm{JE}}$分别表示中继节点与合法监听器间转发与干扰的信道系数，$\boldsymbol{n}_{\mathrm{E}}$表示合法监听器处的AWGN。

可疑接收端可以收到来自可疑发送端的信号以及中继节点发出的信号。因此其能够接收到的信息分为4个部分，一是发送端节点发出的可疑信息，二是中继节点发出的干扰信息，三是中继节点放大转发的信源信息，四是接收端的信道噪声。那么可疑接收端所接收到的信号可以表示为

$$\boldsymbol{y}_{\mathrm{D}}=\sqrt{P_{\mathrm{S}}}\boldsymbol{h}_{\mathrm{SD}}\boldsymbol{w}_{\mathrm{S}}x_{\mathrm{S}}+\sqrt{P_{\mathrm{J}}}\boldsymbol{h}_{\mathrm{JD}}\boldsymbol{w}_{\mathrm{J}}z+\sqrt{P_{\mathrm{R}}}\boldsymbol{h}_{\mathrm{RD}}\mathrm{diag}(\boldsymbol{w})\boldsymbol{y}_{\mathrm{R}}+\boldsymbol{n}_{\mathrm{D}}\tag{6-40}$$

其中，$\boldsymbol{h}_{\mathrm{SD}}$表示可疑发送端与可疑接收端之间的信道系数，$\boldsymbol{h}_{\mathrm{JD}}$和$\boldsymbol{h}_{\mathrm{RD}}$分别表示中继节点和可疑接收端之间转发与干扰的信道系数，$\boldsymbol{n}_{\mathrm{D}}$表示可疑接收端的AWGN，且$\boldsymbol{n}_{\mathrm{D}}\sim\mathrm{CN}(0,N_0)$。

在式（6-39）和式（6-40）的基础上，合法监听器和可疑接收端的SINR可以分别表示为

$$\varGamma_{\mathrm{E}}=\frac{P_{\mathrm{S}}P_{\mathrm{R}}\left|\boldsymbol{w}^{\mathrm{T}}\boldsymbol{R}\boldsymbol{w}_{\mathrm{S}}\right|^2}{P_{\mathrm{J}}\left|\boldsymbol{h}_{\mathrm{JE}}\boldsymbol{w}_{\mathrm{J}}\right|^2+\left|\boldsymbol{h}_{\mathrm{RE}}\boldsymbol{w}_{\mathrm{J}}\right|^2N_0+N_0}\tag{6-41}$$

$$\varGamma_{\mathrm{D}}=\frac{P_{\mathrm{S}}\left|\boldsymbol{h}_{\mathrm{SD}}\boldsymbol{w}_{\mathrm{S}}\right|^2+P_{\mathrm{S}}P_{\mathrm{R}}\left|\boldsymbol{h}_{\mathrm{RD}}\mathrm{diag}(\boldsymbol{w})\boldsymbol{H}_{\mathrm{SR}}\boldsymbol{w}_{\mathrm{S}}\right|^2}{P_{\mathrm{J}}\left|\boldsymbol{h}_{\mathrm{JD}}\boldsymbol{w}_{\mathrm{J}}\right|^2+P_{\mathrm{R}}\left|\boldsymbol{h}_{\mathrm{RD}}\mathrm{diag}(\boldsymbol{w})\right|^2N_0+N_0}\tag{6-42}$$

6.4.3 主动监听与智能反射表面技术结合

智能反射表面（Intelligent Reflecting Surface，IRS）是由一组反射元件构成的平面设备，可主动改变无线通信环境，以应对在不同无线网络中遇到的各种挑战[16]。

如图 6-6 所示，考虑一个基于 IRS 辅助的合法监听系统，它由一个可疑发送端 S、一个可疑接收端 D、一个合法监听器 E 和一个带有反射元件的 IRS 组成。S 和 D 均配备单天线，分别用于发送和接收可疑信息。合法监听器 E 设有一根天线用于接收可疑信号，IRS 用于辅助 E 进行主动监听。在经过直传链路以及 IRS 的反射之后，在可疑接收端和合法监听器处接收到的信号可以分别表示为

$$\boldsymbol{y}_{\mathrm{D}}=(h_{\mathrm{SD}}+\boldsymbol{h}_{\mathrm{ID}}^{\mathrm{H}}\boldsymbol{\Theta}\boldsymbol{h}_{\mathrm{SI}})\sqrt{P}s+\boldsymbol{n}_{\mathrm{D}} \tag{6-43}$$

$$\boldsymbol{y}_{\mathrm{E}}=(h_{\mathrm{SE}}+\boldsymbol{h}_{\mathrm{IE}}^{\mathrm{H}}\boldsymbol{\Theta}\boldsymbol{h}_{\mathrm{SI}})\sqrt{P}s+\boldsymbol{n}_{\mathrm{E}} \tag{6-44}$$

其中，h_{SD} 表示可疑链路信道 S-D 的信道参数，h_{SE} 表示监听信道 S-E 的信道参数；$\boldsymbol{h}_{\mathrm{SI}}\in\mathbb{C}^{L\times1}$、$\boldsymbol{h}_{\mathrm{ID}}^{\mathrm{H}}\in\mathbb{C}^{1\times L}$ 和 $\boldsymbol{h}_{\mathrm{IE}}^{\mathrm{H}}\in\mathbb{C}^{1\times L}$ 表示与 IRS 相关联的信道参数，分别为 S-IRS、IRS-D 和 IRS-E；$\boldsymbol{\Theta}=\mathrm{diag}(\eta_1\mathrm{e}^{\mathrm{j}\theta_1},\eta_2\mathrm{e}^{\mathrm{j}\theta_2},\cdots,\eta_L\mathrm{e}^{\mathrm{j}\theta_L})$ 表示 IRS 的反射矩阵参数；恒定功率 P 表示可疑发送端的传输功率；s 表示 S 发送给 D 的消息；$\boldsymbol{n}_{\mathrm{D}}$ 和 $\boldsymbol{n}_{\mathrm{E}}$ 分别表示 D 和 E 接收到的噪声，两者都是均值为 0、方差为 σ^2 的加性白高斯噪声。

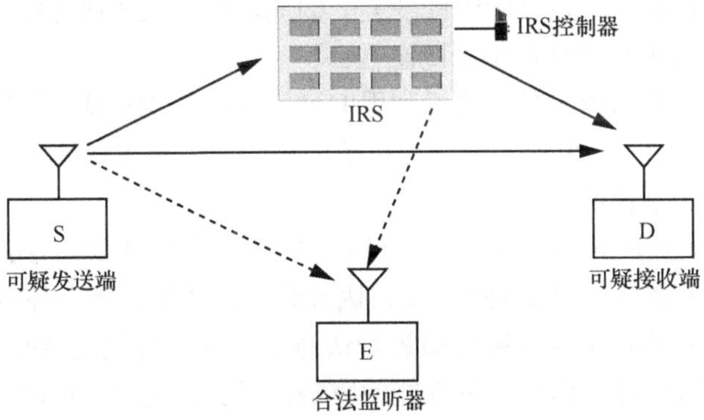

图 6-6　基于 IRS 辅助的合法监听系统

令 $\mathcal{L}=\{1,2,\cdots,L\}$ 表示 IRS 一系列的反射元件，为了便于实际实现，本节假定 IRS 的相位为离散量，其可选择的离散相位的范围为

$$\boldsymbol{\Phi}=\left\{\theta_l \mid \theta_l=\mathrm{e}^{\mathrm{j}\varphi_l},\varphi_l\in\left\{0,\frac{2\pi}{K},\cdots,\frac{(K-1)2\pi}{K}\right\}\right\} \tag{6-45}$$

其中，K 表示 IRS 元件的相位等级数量。

因此，可疑接收端 D 和合法监听器 E 可达到的信息速率分别表示为

$$R_{\mathrm{D}}=\mathrm{lb}\left(1+\frac{\left|h_{\mathrm{SD}}+\boldsymbol{h}_{\mathrm{ID}}^{\mathrm{H}}\boldsymbol{\Theta}\boldsymbol{h}_{\mathrm{SI}}\right|P}{\sigma_{\mathrm{D}}^2}\right) \tag{6-46}$$

$$R_{\mathrm{E}}=\mathrm{lb}\left(1+\frac{\left|h_{\mathrm{SE}}+\boldsymbol{h}_{\mathrm{IE}}^{\mathrm{H}}\boldsymbol{\Theta}\boldsymbol{h}_{\mathrm{SI}}\right|P}{\sigma_{\mathrm{E}}^{2}}\right) \tag{6-47}$$

6.5 研究展望

本章对无线通信中的主动监听技术进行了总结，介绍了主动监听的基本原理、评价指标及与其他新技术的结合应用等。由于无线通信网络的飞速发展，现有的主动监听技术仍存在很多有待解决的问题和需要改进的地方。

（1）扩宽主动监听技术的应用场景。随着各种新型架构的无线网络出现，未来应继续扩展主动监听的应用场景，研究该技术在各种无线网络中的监听方案和监听性能。

（2）增加合法监听的隐蔽性。可疑用户极有可能检测到合法监听器的主动监听进而采取反监听措施，导致监听性能变差。因此，在未来的研究中，在增强监听性能的同时也需要考虑到主动监听的隐蔽性。

（3）应用更多的新型设备。除了利用 UAV、AF 和 IRS 设备的协助来增强合法监听器的监听性能外，未来的主动监听系统中还应引入更多的新型设备来减少合法监听器的能耗并增强监听性能。

（4）使用人工智能技术对监听环境进行智能感知。部署的合法监听器往往不能及时获得非法用户的无线通信环境信息，因此未来的主动监听技术应结合先进的人工智能技术使监听器设备对监听环境进行快速感知并实时做出监听决策。

（5）考虑信道估计延迟对监听性能的影响。现实情况中，对信息接收的延迟也会影响信道估计的准确性，将信道估计延迟问题考虑到主动监听中更符合通信环境，这也是主动监听未来的一个研究方向。

参考文献

[1] ZOU Y L, ZHU J, WANG X B, et al. A survey on wireless security: technical challenges, recent advances, and future trends[J]. Proceedings of the IEEE, 2016, 104(9): 1727-1765.

[2] CHEN M, MAO S W, LIU Y H. Big data: a survey[J]. Mobile Networks and Applications, 2014, 19(2): 171-209.

[3] ZENG Y, ZHANG R. Wireless information surveillance via proactive eavesdropping with spoofing relay[J]. IEEE Journal of Selected Topics in Signal Processing, 2016, 10(8): 1449-1461.

[4] XU J, DUAN L J, ZHANG R. Surveillance and intervention of infrastructure-free mobile communications: a new wireless security paradigm[J]. IEEE Wireless Communications, 2017, 24(4):

152-159.
[5] XU J, LI K, DUAN L J, et al. Proactive eavesdropping via jamming over HARQ-based communications[C]//Proceedings of IEEE Global Communications Conference. Piscataway: IEEE Press, 2017: 1-6.
[6] LI B G, YAO Y B, ZHANG H J, et al. Energy efficiency of proactive eavesdropping for multiple links wireless system[J]. IEEE Access, 2018, 6: 26081-26090.
[7] XU J, DUAN L J, ZHANG R. Proactive eavesdropping via jamming for rate maximization over Rayleigh fading channels[J]. IEEE Wireless Communications Letters, 2016, 5(1): 80-83.
[8] MOON J, LEE S H, LEE H, et al. Proactive eavesdropping with jamming and eavesdropping mode selection[J]. IEEE Transactions on Wireless Communications, 2019, 18(7): 3726-3738.
[9] ZHANG H Y, DUAN L J, ZHANG R. Jamming-assisted proactive eavesdropping over two suspicious communication links[J]. IEEE Transactions on Wireless Communications, 2020, 19(7): 4817-4830.
[10] LI B G, YAO Y B, CHEN H, et al. Wireless information surveillance and intervention over multiple suspicious links[J]. IEEE Signal Processing Letters, 2018, 25(8): 1131-1135.
[11] YANG Y X, LI B G, ZHANG S E, et al. Cooperative proactive eavesdropping based on deep reinforcement learning[J]. IEEE Wireless Communications Letters, 2021, 10(9): 1857-1861.
[12] HUANG M Y, CHEN Y, TAO X F. Proactive eavesdropping in UAV systems via trajectory planning and power optimization[C]//Proceedings of 2021 IEEE Wireless Communications and Networking Conference Workshops (WCNCW). Piscataway: IEEE Press, 2021: 1-6.
[13] XU D. Proactive eavesdropping of suspicious non-orthogonal multiple access networks[J]. IEEE Transactions on Vehicular Technology, 2020, 69(11): 13958-13963.
[14] MA R, WU H W, OU J L, et al. Relay-aided proactive eavesdropping with learning-based power and location optimization[C]//Proceedings of 2020 IEEE/CIC International Conference on Communications in China (ICCC). Piscataway: IEEE Press, 2020: 1256-1261.
[15] MA R, WU H W, OU J L, et al. Power and location optimization of full-duplex relay for proactive eavesdropping networks[J]. IEEE Access, 2020, 8: 196712-196726.
[16] WU Q Q, ZHANG R. Intelligent reflecting surface enhanced wireless network via joint active and passive beamforming[C]//Proceedings of IEEE Transactions on Wireless Communications. Piscataway: IEEE Press, 2018: 5394-5409.

第 7 章 多可疑链路情况下的主动监听系统

7.1 系统简介

随着 5G 的发展趋于成熟，无线通信架构和设备也随着用户的需求迅速发展。目前，大规模分布的通信节点易被不法分子利用发送危害信息。因此，对多可疑链路同时进行监测变得越来越有必要，但是这也给监听系统带来更大的挑战。业界已经在单可疑链路、中继可疑链路、多可疑链路等合法主动监听技术方面展开了研究[1-5]，并取得了一定成果。其中文献[3]对中继协助的两跳主动监听系统进行了研究，文献[4-5]对配置多输入多输出天线的主动监听系统进行了研究。然而，针对通信环境中可能存在的大量可疑用户，需要对监听器有限的能量进行合理分配，对多可疑链路进行有效辨识并分别采取相应监听策略。本章提出一种主动式合法监听策略，通过一个政府授权的合法监听器对监听范围内被识别为可疑用户的通信链路进行监听和干涉[6]。

本章提出的主动监听方法能够在监听的同时对可疑用户进行干涉来改善监听性能，具体来说就是当监听器的监听链路信道质量不好时，可以向可疑接收端发送人为干扰，降低可疑链路的信道传输速率，从而使监听器成功监听；另外，还可以通过对可疑接收端进行欺骗中继，将监听到的一部分信息重组再中继给可疑接收端，提高可疑链路的传输速率，进而提高系统监听速率。同时，本章涉及的场景是监听范围内存在多可疑链路，更符合目前无线通信节点大规模分布的特点，也增加了研究难度，通过建立监听器监听速率最大化的优化问题，可以求解得到监听性能最优的主动监听方案。

7.2　系统模型

如图 7-1 所示，考虑用一个政府授权的合法监听系统来监听区域内存在的 N 条可疑链路，系统由一个全双工合法监听器、N 个可疑发送端和 N 个可疑接收端组成，其中各可疑发送端和可疑接收端都只配置一根发送天线或一根接收天线，监听器配置两根独立天线，分别用于监听和干涉可疑链路，此外，各可疑链路都工作在正交频段上，互不干扰。全双工的监听器采用自干扰消除技术以消除自干扰的影响。

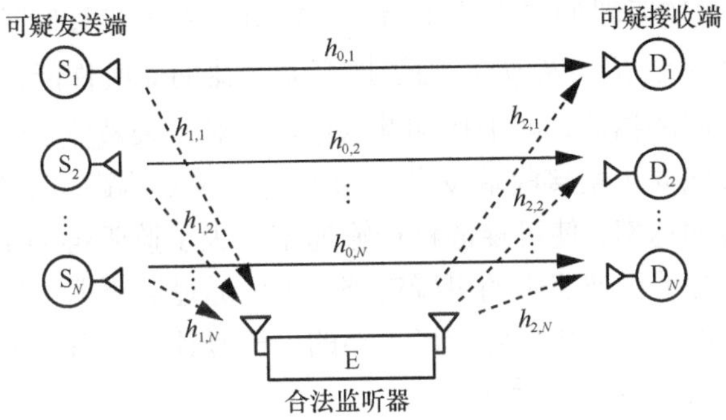

图 7-1　多可疑链路情况下的合法监听系统

假设所有信道均服从瑞利衰落，信道状态在每个时隙中保持不变并且各时隙相互独立[7]。同时，为了研究多可疑链路情况下监听器的性能极限，本节假设监听器能获得所有理想的信道状态信息。此外，本节中的可疑发送端采用固定发射功率为 P_l 的发送模式，$q(l)$ 为合法监听器干涉第 l 条可疑链路所消耗的功率，Q 为合法监听器的最大能量限制。

对于第 l 条可疑链路，定义 $h_{0,l}(l)$ 为可疑发送端到可疑接收端的信道系数，$h_{1,l}(l)$ 为可疑发送端到监听器监听天线的信道系数，$h_{2,l}(l)$ 为监听器干涉天线到可疑接收端的信道系数。所有的信道系数均服从复高斯分布，则对应信道的信道增益分别为 $g_{0,l}(l)=\left|h_{0,l}(l)\right|^2$、$g_{1,l}(l)=\left|h_{1,l}(l)\right|^2$ 和 $g_{2,l}(l)=\left|h_{2,l}(l)\right|^2$。

当监听器采用传统的被动监听方式时，监听器不对可疑链路采取任何措施，对于第 l 条可疑链路来说，它的传输速率为

$$R_{\mathrm{D}}(l)=\mathrm{lb}\left(1+\frac{P_l g_{0,l}}{\sigma_l^2}\right) \tag{7-1}$$

监听器对此条可疑链路的监听链路传输速率为

$$R_{\mathrm{E}}(l)=\mathrm{lb}\left(1+\frac{P_l g_{1,l}}{\sigma_l^2}\right) \tag{7-2}$$

其中，σ_l^2表示第 l 个可疑接收端和监听器监听天线上的加性白高斯噪声。采用被动监听方法的监听器，只有在监听链路传输速率不小于可疑链路传输速率时才能够成功监听，且此时监听器的监听速率为 $R_{\mathrm{D}}(l)$，否则监听速率为零。

由于各可疑链路和监听链路的信道状态信息不同，监听器不可能在没有干涉可疑链路的情况下就成功监听到全部的可疑链路，这时就需要对可疑链路采取相应措施，即干扰或者欺骗中继。根据可疑链路和监听链路的状态，可以将监听链路分为两种状态：未被监听和已被监听。对于未被监听的可疑链路，如上文所述有 $R_{\mathrm{D}}(l)>R_{\mathrm{E}}(l)$，此时监听器的监听速率为 $r_{\mathrm{eav}}(l)=0$；对于已被监听的可疑链路，有 $R_{\mathrm{D}}(l)\leqslant R_{\mathrm{E}}(l)$，此时 $r_{\mathrm{eav}}(l)=R_{\mathrm{D}}(l)$。为了提高监听器的监听性能，这时可以针对两种可疑链路采取不同的措施，即干扰和欺骗中继。对于未被监听的可疑链路，监听器通过干扰发射天线向可疑接收端发送人为干扰，降低可疑链路的信干噪比，从而降低可疑链路的传输速率，使可疑链路传输速率不大于监听链路传输速率，最终使监听器成功监听；对于已被监听的可疑链路，可以通过监听器中继的方式，中继给可疑接收端重组后的信息，增强可疑接收端的信干噪比，从而使可疑发送端发送更多信息，增强合法监听器的监听性能。

对于未被监听的可疑链路，合法监听器需要向可疑接收端发射功率为 $q(l)$ 的人为干扰，可疑接收端和监听器监听天线接收到的信号分别为

$$y_{\mathrm{D}}^{(\mathrm{J})}(l)=\sqrt{P_l}h_{0,l}s_l+\sqrt{q(l)}h_{2,l}x_l+n_{\mathrm{D},l} \tag{7-3}$$

$$y_{\mathrm{E}}^{(\mathrm{J})}(l)=\sqrt{P_l}h_{1,l}s_l+n_{\mathrm{E},l}^{(\mathrm{J})} \tag{7-4}$$

其中，s_l 和 x_l 分别为第 l 个可疑发送端的发送信号和合法监听器的干涉信号，$n_{\mathrm{D},1}$ 和 $n_{\mathrm{E},l}^{(\mathrm{J})}$ 分别为可疑接收端和合法监听器监听天线的加性噪声，均值为 0、方差为 σ_l^2。本节为了简化问题复杂度并研究监听器的性能极限，全双工监听器采用先进的数模自干扰消除技术[8]。根据可疑接收端和监听器接收到的信号，可以得到可疑接收端的信干噪比和监听器监听天线的信噪比分别为

$$\gamma_{\mathrm{D}}^{(\mathrm{J})}(l)=\frac{g_{0,l}P_l}{g_{1,l}q(l)+\sigma_l^2} \tag{7-5}$$

$$\gamma_{\mathrm{E}}^{(\mathrm{J})}(l)=\frac{g_{1,l}P_l}{\sigma_l^2} \tag{7-6}$$

对于已被监听的可疑链路，此时为了进一步提高监听器的监听性能，即监听速率，监听器会将监听到的信息划分为两部分，一部分用于解码监听，另一部分在重

组之后放大转发给可疑接收端，以此提高可疑链路的传输速率 $R_D(l)$，进而提高监听器的监听速率 $r_{eav}(l)$。中继后可疑接收端接收到的信号和监听器用来解码监听的信号分别为

$$y_D^{(R)}(l)=\left(\sqrt{\phi(l)}\rho(l)h_{1,l}h_{2,l}+h_{0,l}\right)\sqrt{P_l}s_l+\rho(l)h_{2,l}n_{E,l}^{(R)}+n_{D,l} \tag{7-7}$$

$$y_E^{(R)}(l)=\sqrt{\left(1-\phi(l)\right)P_l}h_{1,l}s_l+n_{E,l}^{(D)} \tag{7-8}$$

其中，$\phi(l)\in[0,1]$ 为监听功率划分系数，可将监听器监听到的信号划分为两部分；$\rho(l)=\sqrt{\dfrac{q(l)}{\phi(l)g_{1,l}P_l+\sigma_l^2}}$ 为监听器中继放大系数；$n_{E,l}^{(R)}$ 和 $n_{E,l}^{(D)}$ 分别为合法监听器中继和解码产生的加性噪声，均值为 0、方差为 σ_l^2。根据中继后可疑接收端接收到的信号和监听器解码的信号，可以得到可疑接收端的信干噪比和监听器监听天线的信噪比分别为

$$\gamma_D^{(R)}(l)=\frac{\left(\phi(l)\rho^2(l)g_{1,l}g_{2,l}+g_{0,l}\right)P_l}{\left(\rho^2(l)g_{2,l}q(l)+1\right)\sigma_l^2} \tag{7-9}$$

$$\gamma_E^{(R)}(l)=\frac{\left(1-\phi(l)\right)g_{1,l}P_l}{\sigma_l^2} \tag{7-10}$$

根据上述各端的信干噪比和信噪比，可以得到两种可疑链路的传输速率分别为 $R_D^{(J)}(l)=\text{lb}\left(1+\gamma_D^{(J)}(l)\right)$ 和 $R_D^{(R)}(l)=\text{lb}\left(1+\gamma_D^{(R)}(l)\right)$，采取两种措施后合法监听器的监听链路传输速率分别为 $R_E^{(J)}(l)=\text{lb}\left(1+\gamma_E^{(J)}(l)\right)$ 和 $R_E^{(R)}(l)=\text{lb}\left(1+\gamma_E^{(R)}(l)\right)$。

此外，由于各个可疑链路传输信号的危害程度不同，本节在优化过程中考虑了监听信息的危害等级，用 β_l 表示第 l 条可疑链路传输信号的危害程度，由此优化后的监听策略能让监听器在考虑监听性能的同时也会倾向于监听更有危害的信息。考虑了可疑链路的危害等级之后，原有的优化目标就由监听器的监听速率变为基于优先级的监听速率。

7.3 合法监听速率最大化问题

对于合法监听器来说，最能直观体现监听器性能的指标是它的监听速率，本节的主要工作就是提出一个监听器的监听方案，使基于优先级的监听速率最大并保证所有的可疑链路都能被成功监听。因此，可以建立优化问题为

$$\text{(P7-1)}: \max_{\substack{\{q(l)\geqslant 0,\gamma(l)\in\{0,1\},\\ \alpha(l)\in\{0,1\},0\leqslant\phi(l)\leqslant 1\}}} \sum_{l=1}^{N}\Big(\big(1-\gamma(l)\big)\alpha(l)\beta_l R_{\mathrm{D}}^{(\mathrm{J})}(l)+\gamma(l)\beta_l R_{\mathrm{D}}^{(\mathrm{R})}(l)\Big)$$

$$\text{s.t.}\ \big(1-\gamma(l)\big)\alpha(l)\beta_l R_{\mathrm{E}}^{(\mathrm{J})}(l)\geqslant\big(1-\gamma(l)\big)\alpha(l)\beta_l R_{\mathrm{D}}^{(\mathrm{J})}(l), l\in\Omega \tag{7-11}$$

$$\gamma(l)R_{\mathrm{E}}^{(\mathrm{R})}(l)\geqslant\gamma(l)R_{\mathrm{D}}^{(\mathrm{R})}(l), l\in\Omega \tag{7-12}$$

$$\sum_{l=1}^{N}q(l)\leqslant Q \tag{7-13}$$

其中，Ω是可疑链路的集合，可疑链路$l\in\Omega$；$\gamma(l)\in\{0,1\}$是监听器采取两种干涉方式的指示因子，$\gamma(l)=0$表示合法监听器对第 l 条可疑链路进行干扰，$\gamma(l)=1$表示合法监听器对第 l 条可疑链路进行放大转发；$\alpha(l)\in\{0,1\}$是可疑链路是否成功被监听的指示因子，$\alpha(l)=1$表示第 l 条可疑链路已被监听，$\alpha(l)=0$表示未被成功监听。式（7-11）和式（7-12）保证每条可疑链路最终都能够被成功监听，式（7-13）是监听器的能量限制条件。优化问题（P7-1）中，前半部分为监听器对可疑链路采取干扰措施后的监听速率，后半部分为监听器对可疑链路欺骗中继转发后的监听速率，对于每一条可疑链路，监听器会根据是否已经成功监听来采取对应的措施，7.4 节将对优化问题进行求解，得出最优的监听方案，包括对每条可疑链路采取的措施和干涉各条可疑链路的最优能效。

7.4 多可疑链路监听速率最大化策略

对于上述提出的基于优先级的监听速率最大化问题，根据对优化目标以及限制条件的分析可知，优化问题既包括整数优化量$\gamma(l)$，又包括连续优化量$q(l)$，因此优化问题是一个复杂的 MINLP 问题。所以需要对这个优化问题进行简化。

根据可疑链路被成功监听的条件可以发现，当监听器未采取任何措施时，可以根据监听链路传输速率和可疑链路传输速率来判断监听器将要采取的措施。当$R_{\mathrm{E}}(l)\geqslant R_{\mathrm{D}}(l)$时，监听器应该作为欺骗中继进行放大转发，此时$\gamma(l)=1$；当$R_{\mathrm{E}}(l)<R_{\mathrm{D}}(l)$时，监听器应该对可疑接收端发送干扰，此时$\gamma(l)=0$。根据这个特性，可以将$N$条可疑链路分为两个集合$\Omega_1=\{l|R_{\mathrm{E}}(l)<R_{\mathrm{D}}(l)\}$和$\Omega_2=\{l|R_{\mathrm{E}}(l)\geqslant R_{\mathrm{D}}(l)\}$，$\Omega_1$中的$N_1$条可疑链路都需要被干扰才能被成功监听，$\Omega_2$中的可疑链路在经过监听器的中继后可进一步提升被监听速率。在把可疑链路划分为两部分后，可以将优化问题（P7-1）转化为

$$\text{(P7-2)}: \max_{\substack{\{q(l)\geqslant 0,\ \alpha(l)\in\{0,1\},\\ 0\leqslant\phi(l)\leqslant 1\}}} \sum_{l\in\Omega_1}\Big(\alpha(l)\beta_l R_{\mathrm{D}}^{(\mathrm{J})}(l)\Big)+\sum_{l\in\Omega_2}\Big(\gamma(l)\beta_l R_{\mathrm{D}}^{(\mathrm{R})}(l)\Big)$$

$$\text{s.t.}\ \sum_{l=1}^{N}q(l)\leqslant Q \tag{7-14}$$

$$\alpha(l)R_{\mathrm{E}}^{(\mathrm{J})}(l) \geqslant \alpha(l)R_{\mathrm{D}}^{(\mathrm{J})}(l), l \in \Omega_1 \tag{7-15}$$

$$R_{\mathrm{E}}^{(\mathrm{R})}(l) \geqslant R_{\mathrm{D}}^{(\mathrm{R})}(l), l \in \Omega_2 \tag{7-16}$$

然而，简化后的优化问题（P7-2）仍是一个 MINLP 问题，由于可疑链路可以按照合法监听器采取措施的不同分为两个集合，简化后的优化问题也可根据这个思路求解，具体步骤如下。

首先，定义一个监听器功率划分系数θ，$0 \leqslant \theta \leqslant 1$，将监听器有限的能量$Q$分为两部分，一部分$Q_1 = \theta Q$用作干扰能量，另一部分$Q_2 = (1-\theta)Q$用作中继能量。根据能量的划分，本节将问题（P7-2）分解为两个子问题来求解：针对未被监听可疑链路的干扰子问题（P7-3）和针对已被监听可疑链路的中继子问题（P7-4）。

$$(\text{P7-3}): \max_{\{q(l)\geqslant 0,\ \alpha(l)\in\{0,1\}\}} \sum_{l\in\Omega_1}\left(\alpha(l)\beta_l R_{\mathrm{D}}^{(\mathrm{J})}(l)\right)$$

s.t.　式（7-14）

$$\sum_{l=1}^{N_1} q(l) \leqslant \theta Q \tag{7-17}$$

$$(\text{P7-4}): \max_{\{q(l)\geqslant 0, 0\leqslant \phi(l)\leqslant 1\}} \sum_{l\in\Omega_2}\left(\beta_l R_{\mathrm{D}}^{(\mathrm{R})}(l)\right)$$

s.t.　式（7-15）

$$\sum_{l=1}^{N_2} q(l) \leqslant (1-\theta) Q \tag{7-18}$$

优化问题根据可疑链路特性分解为两个子问题之后，接下来的工作就是分别求解两个子问题的最优方案，最后利用二分法求解出最优的监听器功率划分系数θ^*。

7.4.1　干扰子问题的最优干扰策略

对于任意一条未被监听的可疑链路来说，监听器要成功监听都必须满足条件$R_{\mathrm{E}}^{(\mathrm{J})}(l) \geqslant R_{\mathrm{D}}^{(\mathrm{J})}(l)$，即成功监听条件，根据成功监听条件，本节得出推论 7-1。

推论 7-1　对于可疑链路集合Ω_1中的任意一条链路l，合法监听器要成功监听它所需要的干扰功率固定为

$$\tilde{q}(l) = \frac{\left(g_{0,l} - g_{1,l}\right)\sigma_l^2}{g_{1,l} g_{2,l}} \tag{7-19}$$

证明 根据监听成功条件 $R_{\mathrm{E}}^{(\mathrm{J})}(l) \geqslant R_{\mathrm{D}}^{(\mathrm{J})}(l)$，只有当监听链路传输速率不小于可疑链路传输速率时，监听器才能成功监听到完整的可疑发送端信息。当监听器向可疑接收端发送干扰时，可疑链路传输速率会降低，当 $R_{\mathrm{E}}^{(\mathrm{J})}(l) = R_{\mathrm{D}}^{(\mathrm{J})}(l)$ 时，合法监听器已经能够成功监听可疑链路，此时的监听速率为 $r_{\mathrm{eav}}(l) = R_{\mathrm{D}}^{(\mathrm{J})}(l)$，如果这时监听器再增加干扰功率，可疑链路传输速率将继续降低，会导致监听速率也降低，所以最佳干扰功率为满足 $R_{\mathrm{E}}^{(\mathrm{J})}(l) = R_{\mathrm{D}}^{(\mathrm{J})}(l)$ 所消耗的干扰功率。

在获得监听每条可疑链路需要消耗的最佳干扰功率后，可以根据最佳干扰功率求得最佳监听速率 $\tilde{r}_{\mathrm{eav}}(l) = R_{\mathrm{D}}^{(\mathrm{J})}(l)$。在确定了监听器干扰每条可疑链路的最佳干扰功率后，问题（P7-3）中的连续变量 $q(l)$ 变为已知的离散量，因此干扰子问题可以转化为一个整数线性规划（Integer Linear Programming，ILP）问题，即

$$
\begin{aligned}
&(\text{P7-3-1}): \max_{\{q(l)\geqslant 0,\ \alpha(l)\in\{0,1\}\}} \sum_{l\in\Omega_1}\left(\alpha(l)\beta_l \tilde{r}_{\mathrm{eav}}(l)\right)\\
&\text{s.t.}\quad R_{\mathrm{E}}^{(\mathrm{R})}(l) \geqslant R_{\mathrm{D}}^{(\mathrm{R})}(l), l\in\Omega_2
\end{aligned} \tag{7-20}
$$

上述转化后的优化问题只含有单一的优化量 $\alpha(l)$，是一个 0-1 整数规划问题，最优的方案可以根据求解组合问题获得。基于此，本节提出一种低复杂度、接近最优解的启发式算法。

（1）首先定义一个新的监听性能指标：监听能效，即单位消耗的干扰能量能获得的监听速率，则基于优先级的监听能效定义为 $\varsigma(l) = \dfrac{\beta_l R(l)}{q(l)}$。

（2）根据每条可疑链路的最佳干扰功率 $\tilde{q}(l)$ 和对应的监听速率 $\tilde{r}_{\mathrm{eav}}(l)$，计算合法监听器监听集合 Ω_1 中每条可疑链路的监听能效 $\varsigma(l)$。

（3）按照递减的次序排列 Ω_1 中的可疑链路。

（4）依次选取排列后的可疑链路作为备选的监听链路，直到监听器能量不足以监听任何一条可疑链路或者所有可疑链路都被成功监听。

在求解出相应的干扰监听方案后，结合后文中的中继监听方案以及监听器功率划分系数 θ 的优化，可以得出最终的监听方案。

7.4.2 中继子问题的最优中继策略

优化子问题（P7-4）中有两个优化量：监听信号划分系数 $\phi(l)$ 和中继功率 $q(l)$，在保证成功监听条件 $R_{\mathrm{E}}^{(\mathrm{R})}(l) \geqslant R_{\mathrm{D}}^{(\mathrm{R})}(l)$ 满足的条件下，通过调整 $\phi(l)$ 牺牲一部分监听链路传输速率来提升可疑链路传输速率，或者调整 $q(l)$ 消耗一部分能量来提升可疑链路传输速率。同样，根据可疑链路成功监听的特性，本节得出推论 7-2。

推论 7-2 监听器在监听集合 Ω_2 中的可疑链路并获得最佳的监听性能时，以下

条件一定成立。

$$R_{\mathrm{E}}^{(\mathrm{R})}(l)=R_{\mathrm{D}}^{(\mathrm{R})}(l) \tag{7-21}$$

证明　当 $R_{\mathrm{E}}^{(\mathrm{R})}(l)>R_{\mathrm{D}}^{(\mathrm{R})}(l)$ 时，监听器的监听速率为 $R_{\mathrm{D}}^{(\mathrm{R})}(l)$，此时无论是提高 $\phi(l)$ 还是提高 $q(l)$，都能进一步提升监听速率。在提升 $R_{\mathrm{D}}^{(\mathrm{R})}(l)$ 的同时，$R_{\mathrm{E}}^{(\mathrm{R})}(l)$ 会相应降低，当达到临界点 $R_{\mathrm{E}}^{(\mathrm{R})}(l)=R_{\mathrm{D}}^{(\mathrm{R})}(l)$ 时，再提高 $R_{\mathrm{D}}^{(\mathrm{R})}(l)$ 会导致 $R_{\mathrm{E}}^{(\mathrm{R})}(l)<R_{\mathrm{D}}^{(\mathrm{R})}(l)$，不满足成功监听条件，故此时的监听速率就是最佳监听速率。证毕。

基于推论 7-2，中继子问题可以转化为如下优化问题

$$\begin{aligned}&(\mathrm{P7\text{-}4\text{-}1}):\max_{\{q(l)\geqslant 0,0\leqslant\phi(l)\leqslant 1\}}\sum_{l\in\Omega_2}\left(\beta_l R_{\mathrm{E}}^{(\mathrm{R})}(l)\right)\\&\text{s.t.}\quad R_{\mathrm{E}}^{(\mathrm{R})}(l)\geqslant R_{\mathrm{D}}^{(\mathrm{R})}(l),l\in\Omega_2\end{aligned} \tag{7-22}$$

转化后的优化问题（P7-4-1）是一个多变量凸优化问题，利用拉格朗日乘子法可以求得最优的解集。建立拉格朗日方程为

$$\begin{aligned}&\mathcal{L}\left(\{q(l)\},\{\phi(l)\},\lambda,\{\mu_l\}\right)=\sum_{l=1}^{N_2}\beta_l\mathrm{lb}\left(1+\frac{\left(1-\phi(l)\right)g_{1,l}P_l}{\sigma_l^2}\right)-\lambda\left(\sum_{l=1}^{N_2}q(l)-\theta Q\right)-\\&\sum_{l=1}^{N_2}\mu_l\left(\left(2\phi(l)-1\right)g_{1,l}g_{2,l}q(l)+\left(\left(\phi(l)-1\right)g_{1,l}+g_{0,l}\right)\left(\phi(l)g_{1,l}P_l+\sigma_l^2\right)\right)\end{aligned} \tag{7-23}$$

其中，$\lambda\geqslant 0$ 和 $\{\mu_l\geqslant 0\}_{l=1}^{N_2}$ 是拉格朗日乘子，根据 KKT（Karush-Kuhn-Tucker）条件，解得最佳的中继功率 $q^*(l)$ 和最佳的监听信号划分系数 $\phi^*(l)$ 分别为

$$q^*(l)=\left[\frac{1}{2g_{2,l}}\left(\frac{\lambda P_l}{\mu_l g_{2,l}}-\sigma_l^2-g_{0,l}P_l\right)-\frac{\beta_l P_l}{\ln 2\left(2\mu_l g_{2,l}\sigma_l^2+g_{1,l}g_{2,l}\mu_l P_l+\lambda P_l\right)}\right]^+ \tag{7-24}$$

$$\phi^*(l)=\left[\frac{1}{2}-\frac{\lambda}{2\mu_l g_{1,l}g_{2,l}}\right]^+ \tag{7-25}$$

其中，$[x]^+=\max(x,0)$。

7.4.3　功率划分系数优化问题的最优监听方案

在求解出干扰监听子问题和中继监听子问题的最优方案后，为了获得最终的监听方案，需要求解出最优的功率划分系数 θ^*，将功率划分为干扰功率和中继功率，从而使监听器监听性能最优，这时只需要采用线性收敛的二分法就能在可接受的误

差范围内得到最好的分配方案。本节选用的搜索步长为$n = 10^3$，则方案的计算复杂度为$O(\mathrm{lb}n)$。

7.5 仿真结果与分析

本节给出了在不同条件下，本章提出的多可疑链路情况下的主动合法监听策略的性能仿真结果，对比方法为传统的被动监听方法。网络拓扑结构由N条随机分布的可疑链路以及一个合法监听器组成，每个可疑发送端的发射功率根据接收端的干扰功率标准化为 20 dB，噪声功率为$\sigma_l^2 = 1$ dB。此外，出于简化考虑，将每条可疑链路的优先级β_l设为范围[1,2]的随机数。具体的仿真参数如表 7-1 所示。

表 7-1　仿真参数

系统配置	参数值
可疑发送端发射功率 P / dB	20
噪声功率/dB	1
可疑链路数量 N/条	20
信道增益均值	0.5
二分法搜索步长 n	1 000
可疑链路优先级 β_l	[1,2]

图 7-2 给出了 4 种监听策略下的系统监听速率，包括最优监听方案、本章提出的启发式算法、最优功率划分系数下的平均功率分配方案（最优功率划分系数为θ^*，监听器按最优功率划分系数将能量分为两部分后，再平均分配各集合中的能量用来干涉每条可疑链路）以及等分功率下的平均功率分配方案（$\theta = 0.5$）。从仿真结果中可以看出，对比平均功率分配方案，本章提出的启发式算法可以获得更高的监听速率。当可疑链路数量$N = 20$条并且监听器能量$Q \geqslant 16$ dB时，监听器可以成功监听超过 80%的可疑链路。此外，从仿真结果还可以看出，本章提出的低复杂度启发式算法的监听性能接近最优监听方案的监听性能。通过比较最优功率划分系数和等分功率两种情况下的平均功率分配方案可以得出，采用最优功率划分系数的监听方案的监听器性能更优，由此证明本章提出的功率划分系数优化方法是有效的。此外，由于本章假设全双工的监听器采用了先进的自干扰消除技术，但是在实际中，经过自干扰消除后的监听器依旧会受到自干扰的影响[9]，在这里通过仿真将自干扰的影响考虑进去，自干

扰消除技术可以将自干扰削弱 40 dB，更具体的方案将在第 8 章和第 9 章中具体研究。仿真结果表明，在自干扰的影响下，监听器的监听速率比理想中的低，并且随着监听的可疑链路增加，自干扰的影响也会加强。

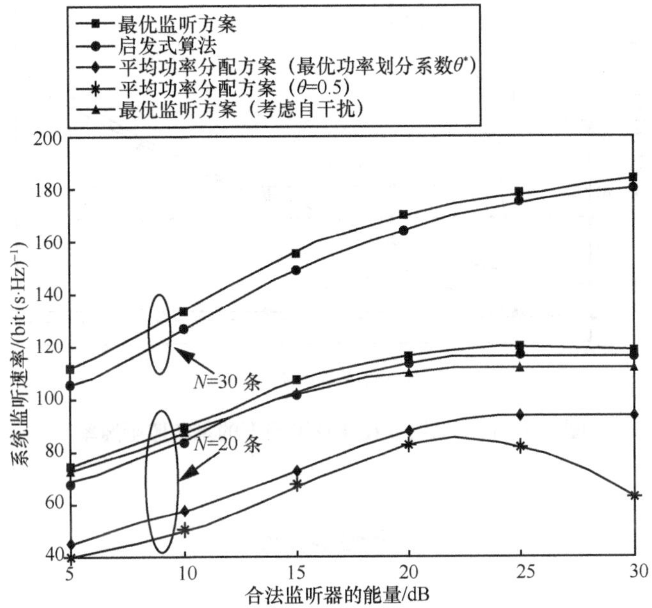

图 7-2　4 种监听策略下的系统监听速率

图 7-2 还对比了不同可疑链路数量对监听器监听性能的影响，仿真结果表明，可疑链路数量越多，初始的系统监听速率越高，并且要达到完全监听需要消耗的能量也更多。

图 7-3 给出了合法监听器在 4 种策略下的系统监听速率，分别是监听器干扰并中继、只干扰不中继、只中继不干扰和被动监听。仿真结果表明，监听器采用干扰并中继策略比其他 3 种策略都有更好的监听性能，这是因为在监听器的监听范围内存在已被监听的可疑链路和未被监听的可疑链路，干涉这两种可疑链路都有提升监听性能的空间。从图 7-3 中还可以看出，当合法监听器的能量较少时，监听器只采用干扰策略所能达到的监听速率很接近监听器采用干扰并中继策略的监听速率，这是因为当监听器能量不足时，为了有更好的监听性能，监听器会优先监听已成功监听的可疑链路而非中继。此外，为了研究信道系数对监听性能的影响，图 7-3 给出了两组信道系数下的监听器性能，当可疑链路的信道系数由 0.5 增加到 1.0 时，绝大多数可疑链路的信道状态会优于监听链路，在这种情况下，可疑链路大多未被成功监听。仿真结果表明，通过监听器中继获得的监听性能提升很少，并且监听所需要耗费的干扰能量随着可疑链路信道质量的提高而增加。

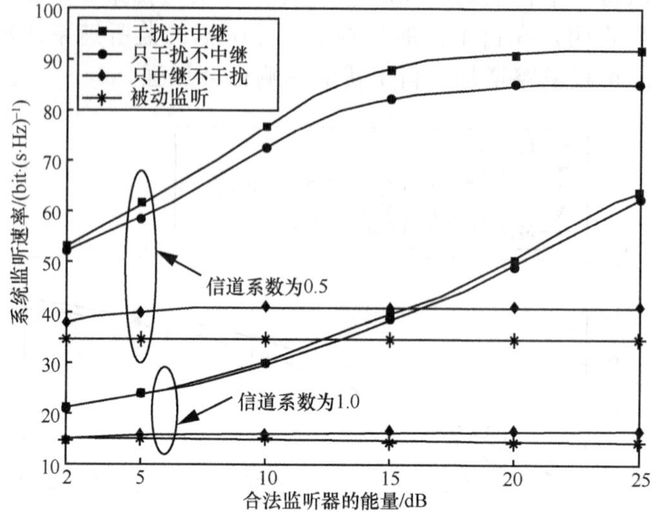

图 7-3　合法监听器在 4 种策略下的系统监听速率

参考文献

[1] XU J, DUAN L J, ZHANG R. Proactive eavesdropping via cognitive jamming in fading channels[J]. IEEE Transactions on Wireless Communications, 2017, 16(5): 2790-2806.

[2] XU J, DUAN L J, ZHANG R. Proactive eavesdropping via jamming for rate maximization over Rayleigh fading channels[J]. IEEE Wireless Communications Letters, 2016, 5(1): 80-83.

[3] MA G, XU J, DUAN L J, et al. Wireless surveillance of two-hop communications[J]. arXiv Preprint, arXiv: 1704.07629, 2017.

[4] CAI H, ZHANG Q, LI Q Z, et al. Proactive monitoring via jamming for rate maximization over MIMO Rayleigh fading channels[J]. IEEE Communications Letters, 2017, 21(9): 2021-2024.

[5] ZHONG C J, JIANG X, QU F Z, et al. Multi-antenna wireless legitimate surveillance systems: design and performance analysis[J]. IEEE Transactions on Wireless Communications, 2017, 16(7): 4585-4599.

[6] LI B G, YAO Y B, CHEN H, et al. Wireless information surveillance and intervention over multiple suspicious links[J]. IEEE Signal Processing Letters, 2018, 25(8): 1131-1135.

[7] CAIRE G, TARICCO G, BIGLIERI E. Optimum power control over fading channels[J]. IEEE Transactions on Information Theory, 1999, 45(5): 1468-1489.

[8] SABHARWAL A, SCHNITER P, GUO D, et al. In-band full-duplex wireless: challenges and opportunities[J]. IEEE Journal on Selected Areas in Communications, 2014, 32(9): 1637-1652.

[9] DUARTE M, DICK C, SABHARWAL A. Experiment-driven characterization of full-duplex wireless systems[J]. IEEE Transactions on Wireless Communications, 2012, 11(12): 4296-4307.

第 8 章
能量受限情况下的主动监听系统

8.1 系统简介

已有的单可疑链路、多可疑链路等主动合法监听系统多以监听速率最大化等作为优化目标，并未更多考虑能量指标的实现[1-3]。然而，监听器往往是一个能量受限设备，因此监听器的能耗也是一个非常重要的性能指标。在第 7 章中，可疑发送端的发射功率是固定的并且多个可疑发送端之间没有联系[4]，在实际情况下，由于无线通信技术的发展，可疑用户可能会采用 OFDM 技术将信道划分为多个子信道来传送有害信息，并采用发射功率自适应技术来改善通信性能。针对这种情况，合法监听器不仅需要考虑子信道不同信道状况对监听性能的影响，还要考虑可疑发送端功率自适应技术的影响。因此，为了综合考虑监听速率和监听能耗，本章将监听能耗作为主要的优化目标，将监听成功率和监听速率置于优化条件中予以考虑[5]。

本章主要针对多可疑链路场景，研究可疑发送端采用两种不同发送策略时的监听策略：（1）可疑发送端采用 OFDM 技术，每个子信道采用固定发射功率情况下的监听能效最大化问题；（2）可疑发送端采用 OFDM 技术和功率自适应技术，每个子信道的功率会自适应调整情况下的监听能效最大化问题。

8.2 系统模型及优化问题

如图 8-1 所示，本节考虑全双工的合法监听器的监听范围内有一对正在通信的可疑设备，可疑发送端采用 OFDM 技术将通信链路划分为$N \geqslant 1$条正交独立的链路，合法监听器有一根监听天线和一根干涉天线，在监听各条可疑链路的同时，利用干涉天线干涉可疑接收端来改善监听性能。

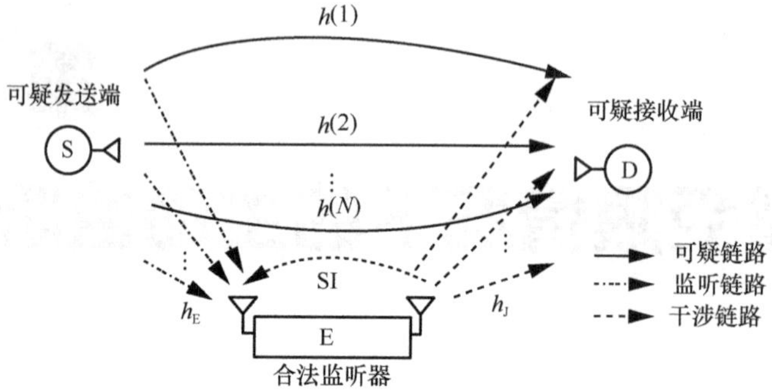

图 8-1　可疑发送端采用 OFDM 技术的主动监听系统

根据第 7 章，仍假设所有信道均服从瑞利衰落，信道状态在每个时隙中保持不变并且各时隙相互独立。同时，监听器能获得所有链路的理想信道状态信息[6]。

对于第 l 条可疑链路，定义 $h(l)$ 为可疑发送端到可疑接收端第 l 条链路的信道系数，$h_E(l)$ 为可疑发送端到监听器监听天线的信道系数，$h_J(l)$ 为监听器干涉天线到可疑接收端的信道系数。所有的信道系数均服从复高斯分布，则对应信道的增益分别为 $g(l)=|h(l)|^2$ 、$g_E(l)=|h_E(l)|^2$ 和 $g_J(l)=|h_J(l)|^2$ 。

定义第 l 条可疑链路的发射功率为 $p(l)$，而合法监听器用于干涉这条可疑链路的功率为 $q(l)$，合法监听器用于干涉可疑链路的总功率为 Q，可疑发送端用于通信的最大发射功率为 P 。

根据第 7 章分析的可疑链路特性，即可疑链路传输速率 $R_D(l)$ 和监听链路传输速率 $R_E(l)$，将可疑链路分为 Ω_1 和 Ω_2 两个集合，其中可疑链路集合 Ω_1 中包括所有未被监听的可疑链路，集合 Ω_2 中包括所有已被监听的可疑链路。

假设 $s(l)$ 为第 l 条可疑链路发送的信息，$x(l)$ 为监听器发送的对应干涉信息，当监听器对集合 Ω_1 中的可疑链路发送人为干扰后，集合 Ω_1 中可疑接收端接收到的信号为

$$y_{D1}(l)=\sqrt{p(l)}h(l)s(l)+\sqrt{q(l)}h_J(l)x(l)+n_{D1}(l) \tag{8-1}$$

合法监听器监听天线接收到的信号为

$$y_{E1}(l)=\sqrt{p(l)}h_E(l)s(l)+n_{SI}(l)+n_{E1}(l) \tag{8-2}$$

对于集合 Ω_2 中的可疑链路，在监听器对可疑接收端进行欺骗中继之后，可疑

接收端接收到的信号为

$$y_{\mathrm{D2}}(l)=\sqrt{p(l)}h(l)s(l)+\sqrt{q(l)}h_{\mathrm{J}}(l)x(l)+n_{\mathrm{D2}}(l) \tag{8-3}$$

合法监听器监听天线接收到的信号为

$$y_{\mathrm{E2}}(l)=\sqrt{p(l)}h_{\mathrm{E}}(l)s(l)+n_{\mathrm{SI}}(l)+n_{\mathrm{E2}}(l) \tag{8-4}$$

其中，$n_{\mathrm{D}i}(l)|_{i=1,2}$ 和 $n_{\mathrm{E}i}(l)|_{i=1,2}$ 分别为可疑接收端和合法监听器监听天线的加性白高斯噪声，均值为 0、方差为 $\sigma^2(l)$；$n_{\mathrm{SI}}(n)$ 为全双工监听器的自干扰，本节仍假设在采用先进的自干扰消除技术后能够完美消除自干扰[7]。当监听器采用欺骗中继策略时，监听器的放大系数为 $\beta(l)=\sqrt{\dfrac{q(l)}{\phi(l)\left(p(l)g_{\mathrm{E}}(l)+\sigma^2(l)\right)+\sigma^2(l)}}$，其中 $\phi(l)\in[0,1]$ 为监听信号划分系数。

根据各端的接收信号，可以得出集合 Ω_1 和集合 Ω_2 中可疑接收端的信干噪比和合法监听器监听天线的信噪比分别为

$$\begin{cases}\gamma_{\mathrm{D1}}(l)=\dfrac{g(l)p(l)}{g_{\mathrm{J}}(l)q(l)+\sigma^2(l)}\\ \gamma_{\mathrm{E1}}(l)=\dfrac{g_{\mathrm{E}}(l)p(l)}{\sigma^2(l)}\end{cases} \tag{8-5}$$

$$\begin{cases}\gamma_{\mathrm{D2}}(l)=\dfrac{\left(\phi(l)\beta^2(l)g_{\mathrm{E}}(l)g_{\mathrm{J}}(l)+g(l)\right)p(l)}{\left(\beta^2(l)g_{\mathrm{J}}(l)+\phi(l)+1\right)\sigma^2(l)}\\ \gamma_{\mathrm{E2}}(l)=\dfrac{\left(1-\phi(l)\right)g_{\mathrm{E}}(l)p(l)}{\left(2-\phi(l)\right)\sigma^2(l)}\end{cases} \tag{8-6}$$

根据式（8-5）和式（8-6），可以得到第 l 条可疑链路的传输速率和对应监听链路的传输速率分别为

$$R_{\mathrm{D}i}(l)=\mathrm{lb}\left(1+\gamma_{\mathrm{D}i}(l)\right),i=1,2 \tag{8-7}$$

$$R_{\mathrm{E}i}(l)=\mathrm{lb}\left(1+\gamma_{\mathrm{E}i}(l)\right),i=1,2 \tag{8-8}$$

为了进一步定义优化问题，本节依旧沿用第 7 章的指示因子 $\alpha(l)$ 定义可疑链路的两种状态，即

$$\alpha(l)=\begin{cases}1, & \gamma_{\mathrm{E}}(l)\geqslant\gamma_{\mathrm{D}}(l)\\ 0, & \text{其他}\end{cases} \tag{8-9}$$

按照可疑链路成功监听条件，对于集合 Ω_1 中的可疑链路，当合法监听器对它的干扰达到一定程度时，监听器能成功监听并且监听速率从无到有，这时的监听速

率定义为$r_{\mathrm{eav1}}(l)$。而对于可疑链路集合Ω_2，当合法监听器利用一部分监听到的信息对可疑接收端进行欺骗中继时，监听器的监听速率能进一步提升，定义此时的监听速率为$r_{\mathrm{eav2}}(l)$。

在建立优化问题之前，首先引入需要优化的目标，对于本节中考虑的可疑链路集合，既包括未被监听的可疑链路，又包括已被监听的可疑链路，监听器对这两种可疑链路的监听性能都可以进一步提升，将监听器的总监听速率定义为

$$R_{\mathrm{eav}}=\sum_{l\in\Omega_1}\alpha(l)r_{\mathrm{eav1}}(l)+\sum_{l\in\Omega_2}r_{\mathrm{eav2}}(l) \tag{8-10}$$

考虑到监听器是一个能量受限设备，本节的优化问题将权衡监听器的能耗以及监听速率，所以引入了一个新的优化目标——监听能效η，即

$$\eta=\frac{R_{\mathrm{eav}}-R_{\mathrm{eav}}^{(0)}}{\sum_{l=1}^{N}q(l)} \tag{8-11}$$

其中，$R_{\mathrm{eav}}^{(0)}=\sum_{l\in\Omega_2}R_{\mathrm{D2}}^{(0)}(l)$为合法监听器在干涉可疑链路之前的监听速率，因此监听能效的意义为监听器单位消耗的干涉能量所提升的监听速率。本节的优化目标就是在保证成功监听率的基础上最大化监听能效，所以建立优化问题为

$$(\mathrm{P8\text{-}1}):\max\eta$$

$$\mathrm{s.t.}\quad \sum_{l=1}^{N}\alpha(l)q(l)\leqslant Q \tag{8-12}$$

$$R_{\mathrm{E}}(l)\geqslant R_{\mathrm{D}}(l),\forall l \tag{8-13}$$

优化问题（P8-1）中，优化目标是一个多变量的分式，变量中包含离散变量和连续变量，因此优化问题（P8-1）是一个MINLP问题，经过推导可知，合法监听器要成功监听集合Ω_1中的可疑链路，每条可疑链路需要消耗的最佳的干扰能量可以确定为

$$q^{*}(l)=\frac{1}{g_{\mathrm{J}}(l)}\left(\frac{g(l)\sigma^{2}(l)}{g_{\mathrm{E}}(l)}-\sigma^{2}(l)\right),l\in\Omega_1 \tag{8-14}$$

对于优化问题，需要考虑监听能量是否充足的问题，当监听能量充足，并足以满足监听器对集合Ω_1中的可疑链路全部监听时，为了保证监听成功率，监听器将优先干涉未被监听的可疑链路。将监听器恰好成功监听所有可疑链路所耗费的能量定义为$Q_l=\sum_{l\in\Omega_1}q^{*}(l)$，因此可以得出，当$Q\geqslant Q_l$时，所有可疑链路都能被成功监听并且监听器耗费的能量为Q_l，剩余的能量将会被监听器用作中继转发的能量来进一步提高监听器的性能。相反，当$Q<Q_l$时，监听器不能成功监听所有可疑链路，根据优化问题的限制条件，这时优化问题（P8-1）是不可行的，监听器不能负担全部监听的能耗，在这种不可行条件下，监听器将采用另一种监听模式，为了满足监听成功率的限制条件，

监听器将尽可能地监听更多的可疑链路，详细的方案将在 8.4 节中研究。

8.3　监听器能量足够情况下的监听方案

本节主要研究监听器有足够能量下的监听方案，即 $Q \geqslant Q_l$ 的情况。由于能量足够成功监听所有可疑链路，这时优化问题（P8-1）中的变量 $\alpha(l)=1, l\in\Omega_1$。根据这一性质，优化问题（P8-1）可以转化为

$$\text{(P8-2)}: \max_{\substack{q(l)\geqslant 0\\ 0\leqslant\phi(l)\leqslant 1}} \frac{\sum_{l\in\Omega_1} r_{\text{eav1}}(l)+\sum_{l\in\Omega_2} r_{\text{eav2}}(l)-R_{\text{eav}}^{(0)}}{\sum_{l\in\Omega_1} q(l)+\sum_{l\in\Omega_2} q(l)}$$

$$\text{s.t.}\quad \text{式 (8-13)}$$

$$\sum_{l\in\Omega_1} q(l)+\sum_{l\in\Omega_2} q(l)\leqslant Q(l) \tag{8-15}$$

根据可疑发送端采取的发射功率策略不同，合法监听器需要有不同的监听方案。接下来，根据可疑发送端发射功率策略的不同（固定发射功率和发射功率自适应），分别求解两种情况下合法监听器的最优监听方案。

8.3.1　固定发射功率的可疑发送端

对于固定发射功率的可疑发送端，每条链路的发射功率为 $p(l)=p_{\text{cons}}=\dfrac{P}{N}$。在这种情况下，监听器监听性能的改善完全取决于监听器的功率分配。

由于监听器的能量足够成功监听所有可疑链路，这意味着监听集合 Ω_1 中的可疑链路所能够提供的监听速率已经达到峰值，定义这时候改善的监听速率为 $R_{\text{eav1}}=\sum_{l\in\Omega_1} r_{\text{eav1}}(l)|_{p=p_{\text{cons}}}$，同时，根据推论 7-1 可知，监听器消耗的干扰功率为 Q_l，因此，在这种情况下，优化问题（P8-2）可以转化为

$$\text{(P8-2-1)}: \max_{\substack{q(n)\geqslant 0\\ 0\leqslant\phi(n)\leqslant 1}} \frac{\sum_{l\in\Omega_2} r_{\text{eav2}}(l)+R_{\text{eav1}}-R_{\text{eav}}^{(0)}}{Q_l+\sum_{l\in\Omega_2} q(l)}$$

$$\text{s.t.}\quad \text{式 (8-13)}$$

$$\sum_{l\in\Omega_2} q(l)+Q_l\leqslant Q(l) \tag{8-16}$$

优化问题（P8-2-1）为分式优化问题，通过引入一个辅助变量 $y_1>0$，可以将优化问题转变为凸优化的形式，并通过拉格朗日乘子法求得最优解。

$$\text{（P8-2-2）：}\max_{\substack{q(l)\geqslant 0\\ 0\leqslant\phi(l)\leqslant 1}} y_1$$

s.t.式（8-13）和式（8-16）

$$\sum_{l\in\Omega_2} r_{\text{eav2}}(l)+R_{\text{eav1}}-R_{\text{eav}}^{(0)}-y_1\left(Q_l+\sum_{l\in\Omega_2}q(l)\right)\geqslant 0 \tag{8-17}$$

建立拉格朗日方程为

$$\begin{aligned}&\mathcal{L}\left(q(l),\phi(l),y_1,\lambda_1,\mu_1,\{\nu_1(l)\}_{l=1}^{N}\right)=\\&y_1-\lambda_1\left(\sum_{l\in\Omega_2} r_{\text{eav2}}(l)+R_{\text{eav1}}-R_{\text{eav}}^{(0)}-y_1\left(Q_l+\sum_{l\in\Omega_2}q(l)\right)\right)+\\&\mu_1\left(\sum_{l\in\Omega_2}q(l)+Q_l-Q\right)+\sum_{l=1}^{N}\nu_1(l)\left(\gamma_{\text{E}}(l)-\gamma_{\text{D}}(l)\right)\end{aligned} \tag{8-18}$$

其中，λ_1、μ_1、$\{\nu_1(l)\}_{l=1}^{N}>0$ 为拉格朗日乘子，可以解得 $\mathcal{L}(x)$ 的梯度为

$$\begin{aligned}\frac{\partial\mathcal{L}}{\partial\phi(l)}=&\frac{-\lambda_1 g_{\text{E}}(l)\sigma^2(l)p_{\text{cons}}}{\ln 2\left(\left(1-\phi(l)\right)\left(g_{\text{E}}(l)P+\sigma^2(l)\right)+\sigma^2(l)\right)\left(\left(1-\phi(l)\right)\sigma^2(l)+\sigma^2(l)\right)}-\\&\nu_1(l)\frac{g_{\text{E}}(l)g_{\text{J}}(l)q(l)\sigma^2(l)\left(g_{\text{E}}(l)p_{\text{cons}}+3\sigma^2(l)\right)}{\left(\left(\phi(l)g_{\text{E}}(l)p_{\text{cons}}+\sigma^2(l)\right)+\sigma^2(l)\right)^2}+\nu_1(l)\sigma^2(l)\left(g(l)-g_{\text{E}}(l)\right)\end{aligned} \tag{8-19}$$

$$\frac{\partial\mathcal{L}}{\partial q(l)}=-\nu_1(l)\left(2\phi(l)-1\right)\frac{g_{\text{E}}(l)g_{\text{J}}(l)\sigma^2(l)}{\phi(l)\left(g_{\text{E}}(l)p_{\text{cons}}+\sigma^2(l)\right)+\sigma^2(l)}-\lambda_1 y_1-\mu_1 \tag{8-20}$$

根据KKT条件，可求解最优的监听信号划分系数 $\phi^*(l)$ 和功率分配 $q^*(l)$ 分别为

$$\phi^*(l)=\frac{\left(\nu_1(l)g_{\text{E}}(l)g_{\text{J}}(l)-\lambda_1 y_1-\mu_1\right)\sigma^2(l)}{2\nu_1(l)g_{\text{E}}(l)g_{\text{J}}(l)\sigma^2(l)+(\mu_1-\lambda_1 y_1)\left(g_{\text{E}}(l)p_{\text{cons}}+\sigma^2(l)\right)} \tag{8-21}$$

$$q^*(l)=\frac{\left(\left(1-\phi(l)\right)\left(g_{\text{E}}(l)-g(l)\sigma^2(l)\right)-g(l)\sigma^2(l)\right)\left(\phi_1(l)\left(g_{\text{E}}(l)p_{\text{cons}}+\sigma^2(l)\right)+\sigma^2(l)\right)}{g_{\text{E}}(l)g_{\text{J}}(l)\left(\phi_1(l)\left(\sigma^2(l)+1\right)-1\right)} \tag{8-22}$$

8.3.2　发射功率自适应的可疑发送端

采用固定发射功率的可疑发送端的监听策略已经在 8.3.1 节进行了求解，本节的主要难题在于可疑发送端采用发射功率自适应技术。可疑发送端为了改善其通信质量，采用每条链路发射功率根据自身信道状态信息变化的方式，这就大大增加了监听器的监听难度。合法监听器的干扰和中继会影响可疑发送端功率的自适应调整，相应地，合法监听器同时也会根据可疑发送端功率的自适应调整来分配干扰和中继功率，这是一个相互博弈的问题。为了解决这个博弈问题，本节提出了一种合法监听器功率干涉与可疑发送端功率自适应调整相互博弈问题的解法。

（1）将合法监听器的监听信号划分系数 $\phi(l)$ 、干扰和中继功率 $q(l)$ 作为已存在的定值，将优化问题转化为单一变量优化。

（2）分析可疑发送端每条链路的最佳发射功率 $\hat{p}(l)$，此时分析出的可疑发送端最佳发射功率 $\hat{p}(l)$ 中包含 $q(l)$ 和 $\phi(l)$ 。

（3）将此时的 $\hat{p}(l)$ 代入优化问题中，求解监听能效最大化问题，此时 $\phi(l)$ 、$q(l)$ 不再是确定值，解凸优化问题，求解基于监听能效最大的最优分配功率 $q^*(l)$ 以及监听信号划分系数 $\phi^*(l)$ 。

首先简要分析可疑发送端的功率自适应策略，建立优化问题为

$$\text{(P8-3)}: \max_{q(l)\geqslant 0} \sum_{l\in\Omega_1} R_{\mathrm{D1}}(l) + \sum_{l\in\Omega_2} R_{\mathrm{D2}}(l)$$

$$\text{s.t.} \quad \sum_{n=1}^{N} p(l) \leqslant P \tag{8-23}$$

其中，$R_{\mathrm{D1}}(l) = \mathrm{lb}\left(1+\dfrac{g(l)p(l)}{g_{\mathrm{J}}(l)q^*(l)+\sigma^2(l)}\right), l\in\Omega_1$，$R_{\mathrm{D2}}(l) = \mathrm{lb}\left(1+\dfrac{\left(1-\phi(l)\right)g_{\mathrm{E}}(l)}{\sigma^2(l)}p(l)\right)$，$l\in\Omega_2$。由于优化量只有发射功率 $p(l)$，可以将两种可疑链路传输速率归纳为 $R_{\mathrm{D}}(l) = \mathrm{lb}\left(1+\overline{\gamma}(l)p(l)\right)$，其中 $\overline{\gamma}(l)$ 为第 l 条可疑链路的单位信干噪比或信噪比，可表示为

$$\overline{\gamma}(l) = \begin{cases} \overline{\gamma}_1(l) = \dfrac{g(l)}{g_{\mathrm{J}}(l)q^*(l)+\sigma^2(l)}, l\in\Omega_1 \\ \overline{\gamma}_2(l) = \dfrac{(1-\phi(l))g_{\mathrm{E}}(l)}{\sigma^2(l)}, l\in\Omega_2 \end{cases} \tag{8-24}$$

因此可将问题（P8-3）转化为一个凸优化问题，即

$$\text{(P8-3-1)}\quad \max_{p(l)\geqslant 0}\sum_{l=1}^{N}\mathrm{lb}\left(1+\overline{\gamma}(l)p(l)\right)$$

$$\text{s.t.}\quad \sum_{n=1}^{N}p(l)\leqslant P \tag{8-25}$$

引入拉格朗日乘子$\zeta\geqslant 0$来求解可疑发送端各条链路的最佳发射功率，构建拉格朗日方程为

$$\mathcal{L}\left(p(1),p(2),\cdots,p(l),\zeta\right)=\sum_{l=1}^{N}\mathrm{lb}\left(1+\overline{\gamma}(l)p(l)\right)-\zeta\left(\sum_{l=1}^{N}p(l)\leqslant P\right) \tag{8-26}$$

通过求解$\dfrac{\partial\mathcal{L}}{\partial p(n)}=0$，可解得可疑发送端的最佳发射功率为

$$\hat{p}(l)=\frac{1}{\zeta\ln 2}-\frac{1}{\overline{\gamma}(l)}=\begin{cases}\dfrac{1}{\zeta\ln 2}-\dfrac{1}{\overline{\gamma}_1(l)},l\in\Omega_1\\[2ex]\dfrac{1}{\zeta\ln 2}-\dfrac{1}{\overline{\gamma}_2(l)},l\in\Omega_2\end{cases} \tag{8-27}$$

其中，$\upsilon=\dfrac{1}{\zeta\ln 2}$为功率分配的水位，与可疑发送端的最大功率限制条件$\sum\limits_{l=1}^{N}p(l)=P$有关。

$$\upsilon=\frac{P+\sum\limits_{l\in\Omega_1}\mathrm{lb}\dfrac{1}{\gamma_1(l)}+\sum\limits_{l\in\Omega_2}\mathrm{lb}\dfrac{1}{\gamma_2(l)}}{N} \tag{8-28}$$

综上所述，各条可疑链路的最佳发射功率可以确定为

$$\hat{p}(l)=\begin{cases}\hat{p}_1(l)=\dfrac{P+\sum\limits_{l\in\Omega_1}\dfrac{g_{\mathrm{J}}(l)q^*+\sigma^2(l)}{g(l)}+\sum\limits_{l\in\Omega_2}\dfrac{\sigma^2(l)}{(1-\phi(l))g_{\mathrm{E}}(l)}}{N}-\dfrac{g_{\mathrm{J}}(l)q^*(l)+\sigma^2(l)}{g(l)},l\in\Omega_1\\[3ex]\hat{p}_2(l)=\dfrac{P+\sum\limits_{l\in\Omega_1}\dfrac{g_{\mathrm{J}}(l)q^*+\sigma^2(l)}{g(l)}+\sum\limits_{l\in\Omega_2}\dfrac{\sigma^2(l)}{(1-\phi(l))g_{\mathrm{E}}(l)}}{N}-\dfrac{\sigma^2(l)}{(1-\phi(l))g_{\mathrm{E}}(l)},l\in\Omega_2\end{cases}$$

（8-29）

上述可疑链路发射功率是在合法监听器的干涉功率和监听信号划分系数确定的条件下求得的，这时如果将求得的$\hat{p}(l)$代入监听能效最大的优化问题中，就可以将可疑发送端功率自适应的影响体现在优化问题中，可疑发送端的功率自适应调整和合法监听器的功率干涉相互博弈问题就得到了解决，求得的最优解就是监听器需

要的最优监听方案。

和 8.3.1 节的求解方法一样，首先需要对复杂的 MINLP 问题进行转化，在 $Q \geqslant Q_l$ 的情况下，所有可疑链路都能被监听，这时合法监听器的监听能效为

$$\eta\left(q(l),\phi(l)\right)=\frac{\varphi\left(q(l),\phi(l)\right)-R_{\mathrm{eav}}^{(0)}}{\sum\limits_{l=1}^{N}q(l)} \tag{8-30}$$

其中，$\varphi\left(q(l),\phi(l)\right)=\sum\limits_{l\in\Omega_1}\mathrm{lb}\left(\upsilon\overline{\gamma}_1(l)\right)+\sum\limits_{l\in\Omega_2}\mathrm{lb}\left(\upsilon\overline{\gamma}_2(l)\right)$，则优化问题（P8-1）可转化为

$$\text{（P8-4）：}\max_{\substack{q(l)\geqslant 0\\ 0\leqslant\phi(l)\leqslant 1}}\eta(q(l),\phi(l))$$

$$\text{s.t. 式（8-13）}$$

$$\sum_{l=1}^{N}q(l)\leqslant Q \tag{8-31}$$

同样，为了求解上述分式优化问题，需要引入一个辅助变量 $y_2>0$，则优化问题（P8-4）可转化为

$$\text{（P8-4-1）：}\max_{\substack{q(l)\geqslant 0\\ 0\leqslant\phi(l)\leqslant 1}} y_2$$

$$\text{s.t. 式（8-13）和式（8-31）}$$

$$\varphi(q(l),\phi(l))-y_2\sum_{l\in\Omega_2}q(l)\geqslant 0 \tag{8-32}$$

上述转化后的凸优化问题可以采用拉格朗日乘子法进行求解，引入拉格朗日乘子 λ_2、μ_2、$\{\nu_2(l)\}_{l=1}^{N}>0$，构建拉格朗日方程为

$$\mathcal{L}\left(q(l),\phi(l),y_2,\lambda_2,\mu_2,\{\nu_2(l)\}_{l=1}^{N}\right)=y_2-\lambda_2\left(\varphi\left(q(l),\phi(l)\right)-y_2\sum_{l\in\Omega_2}q(l)\right)+$$
$$\mu_2\left(\sum_{l\in\Omega_1\cup\Omega_2}q(l)-Q\right)+\sum_{n=1}^{N}\nu_2(l)\left(\gamma_{\mathrm{E}}(l)-\gamma_{\mathrm{D}}(l)\right) \tag{8-33}$$

根据建立的拉格朗日方程，联立 KKT 条件，可以求得监听器最优的功率分配和监听信号划分系数分别为

$$\frac{\partial\mathcal{L}}{\partial\phi(l)}=\frac{-\lambda_2 g_{\mathrm{E}}(l)\hat{p}_2(l)\sigma^2(l)+\left(\sigma^2(l)+\dfrac{\sigma^2(l)}{1-\phi(l)}\right)\left(\dfrac{1}{N-1}\right)\sigma^2(l)}{\ln 2\left((1-\phi(l))\left(g_{\mathrm{E}}(l)\hat{p}_2(l)+\sigma^2(l)\right)+\sigma^2(l)\right)\left((1-\phi(l))\sigma^2(l)+\sigma^2(l)\right)}-$$

$$\nu_1(l)\left(-\sigma^2(l)g(l)+\frac{g_{\mathrm{E}}(l)g_{\mathrm{J}}(l)q(l)\sigma^2(l)\left(g_{\mathrm{E}}(l)\hat{p}_2(l)+3\sigma^2(l)\right)}{\left(\phi(l)\left(g_{\mathrm{E}}(l)\hat{p}_2(l)+\sigma^2(l)\right)+\sigma^2(l)\right)^2}+g_{\mathrm{E}}(l)\sigma^2(l)\right) \quad (8\text{-}34)$$

$$\frac{\partial\mathcal{L}}{\partial q(l)}=-\nu_2(l)\left(2\phi(l)-1\right)\frac{g_{\mathrm{E}}(l)g_{\mathrm{J}}(l)\sigma^2(l)}{\phi(l)\left(g_{\mathrm{E}}(l)\hat{p}_2(l)+\sigma^2(l)\right)+\sigma^2(l)}-\lambda_2 y_2-\mu_2 \quad (8\text{-}35)$$

$$q(l)=\frac{\left((1-\phi(l))\left(g_{\mathrm{E}}(l)-g(l)\sigma^2(l)\right)-g(l)\sigma^2(l)\right)\left(\phi(l)\left(g_{\mathrm{E}}(l)\hat{p}_2(l)+\sigma^2(l)\right)+\sigma^2(l)\right)}{g_{\mathrm{E}}(l)g_{\mathrm{J}}(l)\left(\phi(l)\left(\sigma^2(l)+1\right)-1\right)}$$

（8-36）

8.4 监听器能量不足情况下的监听方案

由于合法监听器往往是能量受限的设备（如无人机、巡逻车等），监听器有时没有足够的能量来成功监听所有可疑链路。在这种情况下，由于监听成功率的限制条件不能满足，优化问题（P8-1）在 $Q<Q_l$ 情况下不可行，监听器为了更快满足监听成功率的要求，会利用有限的能量尽可能地监听更多的可疑链路。本节将对监听器能量不足的情况提出相应的主动监听方案，分别对应两种情况：固定发射功率的可疑发送端和发射功率自适应的可疑发送端。

8.4.1 固定发射功率的可疑发送端

根据 8.3 节的分析，采用固定发射功率的可疑发送端，每条链路的发射功率平分总功率，即 $p(l)=p_{\mathrm{cons}}$。对于优化问题（P8-1）不可行的情况，本节提出了一种启发式算法来求解监听器能量不足时的监听策略。

按照分解可疑链路的方式将监听能效分为干扰能效 η_{J} 和中继能效 η_{R}，分别表示为

$$\eta_{\mathrm{J}}=\frac{\sum_{l\in\Omega_1}\alpha(l)r_{\mathrm{eav1}}(l)}{\sum_{l\in\Omega_1}\alpha(l)q(l)} \tag{8-37}$$

$$\eta_{\mathrm{R}}=\frac{\sum_{l\in\Omega_2}r_{\mathrm{eav2}}(l)-R_{\mathrm{eav}}^{(0)}}{\sum_{l\in\Omega_2}q(l)} \tag{8-38}$$

首先分别求解两种能效最大化的问题，然后整体优化监听器的功率分配，最后权衡监听器的监听速率和监听成功率两个指标得出最终的监听方案。

干扰能效是监听器在对给定集合 Ω_1 中的可疑链路进行干扰时所提高的监听速率与消耗的干扰能量之比。优化干扰能效既能保证监听器的监听成功率，又能保证监听方案的高效率，根据推论 7-1，可以确定每条可疑链路的最佳干扰功率为 $q^*(l),l\in\Omega_1$，因此，可以定义监听单可疑链路的干扰能效为

$$\eta_{\mathrm{J}}(l)=\frac{r_{\mathrm{eav1}}(l)}{q(l)},l\in\Omega_1 \tag{8-39}$$

根据监听集合 Ω_1 中每条可疑链路的干扰能效递减的次序，监听器依次选取合适的可疑链路进行监听。

中继能效是监听器在对给定集合 Ω_2 中的可疑链路进行中继时所提高的监听速率与消耗的中继能量之比。依据求解优化问题（P8-2-1），利用拉格朗日乘子法可以求解最优的功率分配和监听信号划分系数方案。

求得针对两种能效的监听方案后，根据优化问题中监听成功率的限制，监听器的首要任务是在保证监听成功率的情况下尽可能多地监听可疑链路。具体的启发式算法流程如算法 8-1 所示。

算法 8-1　合法监听器能量不足时的启发式算法

1) 初始化设置，$l=\{1,2,\cdots,N\}$，l 从 1 递增到 N

2) for　$l=1:N$

3)　　if　$\gamma_{\mathrm{E}}(l)<\gamma_{\mathrm{D}}(l)$

4)　　　则 $l\in\Omega_1$，可疑链路未被监听

5)　　else

6)　　　则 $l\in\Omega_2$，可疑链路已被监听

7)　　end if

8) 按照干扰能效 $\eta_{\mathrm{J}}(l)$ 递减的次序对 Ω_1 中的可疑链路进行排序

9) end for

10) for l in Ω_1

11)　　if $Q \geqslant q^*(l)$

12)　　　　分配 $q^*(l)$ 用于干扰第 l 条可疑链路，并且 $Q = Q - q^*(l)$，$l = l + 1$

13)　　else

14)　　　　跳出循环

15)　　end if

16) end for

17) for l in Ω_2

18)　　用按照式（8-21）和式（8-22）求解得到的最佳 $q^*(l)$ 和 $\phi^*(l)$ 更新 $R_D(l)$

19) end for

8.4.2　发射功率自适应的可疑发送端

当可疑发送端采取功率自适应时，根据 8.3.2 节对可疑发送端自适应发射功率的分析，已经得到了可疑发送端最佳发射功率 $\hat{p}(l)$，可疑发送端的发射功率会受监听器干涉功率 $q(l)$ 的影响。正如 8.4.1 节的分析，当监听器能量不足时，监听器会在保证能效最大的情况下优先确保足够的监听成功率，监听器的能量将会首先用于干扰集合 Ω_1 中的可疑链路，确保它们能够被成功监听，所以定义优化问题为

$$(\text{P8-5}): \quad \max_{q(n) \geqslant 0} \frac{R^{(\text{ad})} - R_{\text{eav}}^{(0)}}{Q}$$

$$\text{s.t.} \sum_{l \in \Omega_1} \alpha(l)q(l) \leqslant Q(l) \tag{8-40}$$

$$\alpha(l) \in \{0,1\} \tag{8-41}$$

其中，$\alpha(l)q(l)$ 是合法监听器干扰第 l 条可疑链路的干扰功率，$R^{(\text{ad})} = \sum_{n \in \Omega_1} \alpha(l) \cdot$

$\text{lb}\left(1 + \dfrac{g_E(l)\hat{p}_1(l)}{\sigma^2(l)}\right) + \sum_{n \in \Omega_2} \text{lb}\left(1 + \dfrac{g(l)\hat{p}_1(l)}{\sigma^2(l)}\right)$ 是监听器在干涉可疑链路后的监听速率。

优化问题（P8-5）中同样包括离散变量和连续变量，是一个 MINLP 问题，为了求解这个问题，将离散变量 $\alpha(l)$ 松弛为连续变量，$\alpha(l) \in [0,1]$。松弛之后的优化目标 $\{\alpha(l), q(l)\}$ 对于优化问题都是凸的，通过引入拉格朗日乘子 λ_3、$\mu_3(l)$、$\{v_3(l)\}_{l=1}^N > 0$ 来求解松弛后的优化问题，构建拉格朗日方程为

$$\mathcal{L}\left(q(l), \alpha(l), \lambda_3, \{v_3(l)\}_{l=1}^N\right) = \left(R^{(\text{ad})} R_{\text{eav}}^{(0)}\right) + \lambda_3 \left(\sum_{l \in \Omega_1} \alpha(l)q(l) - Q\right) + \sum_{l=1}^N v_3(l)\left(\alpha(l) - 1\right) \tag{8-42}$$

联立 KKT 条件，可以求得最优解为

$$\alpha(l)=\left(1-\frac{1}{N}\right)\frac{g_{\mathrm{J}}(l)}{Q\ln 2g(l)(1+\lambda_3)}\left(\frac{g(l)}{g(l)\hat{p}_1(l)+\sigma^2(l)}+\frac{g_{\mathrm{E}}(l)}{g_{\mathrm{E}}(l)\hat{p}_1(l)+\sigma^2(l)}\right) \tag{8-43}$$

$$q(l)=\alpha(l)q^*(l) \tag{8-44}$$

8.5　仿真结果与分析

本节考虑了一对采用 OFDM 技术进行通信的可疑发送设备以及相应的合法监听器，所有的发射功率都按照噪声功率 $\sigma^2=1$ dB 标准化。在没有特殊说明的情况下，可疑发送端的总发射功率为 37 dB，并将通信链路划分为 50 条相互正交的链路。此外，可疑链路、监听链路和干涉链路的信道增益都设置成均值为 0.5 的独立循环对称复高斯（Independent Circularly Symmetric Complex Gaussian，CSCG）随机变量，具体仿真参数如表 8-1 所示。

表 8-1　仿真参数

系统配置	参数
可疑发送端的总发射功率 P /dB	37
噪声功率 $\sigma^2(l)$ /dB	1
可疑链路数量 N/条	50
信道增益均值	0.5
固定功率下可疑链路的发射功率 p_{cons} /dB	20

本章提出的监听方案和已有的主动干扰监听方案（监听器只干扰可疑用户）以及平均功率监听方案（监听器将总功率均分给每一条干涉链路）的对比结果如图 8-2 所示，其中可疑发送端分别采取固定发射功率和自适应发射功率两种策略，对比的性能为监听能效和监听成功率。由图 8-2 可知，本章提出的监听方案的监听能效高于其他两种方案，并且可以达到与主动干扰监听方案相同的监听成功率，这说明本章提出的监听方案在提高监听能效的同时可以确保监听成功率。当监听器的能量不足，即 $Q\leqslant 25$ dB 时，监听器的能效会随着监听可疑链路的增加而降低，这是无法避免的情况。一旦所有可疑链路被成功监听，本章提出的监听方案就能够利用多余的能量来改善监听器的性能，性能的提升可以体现在监听能效上。

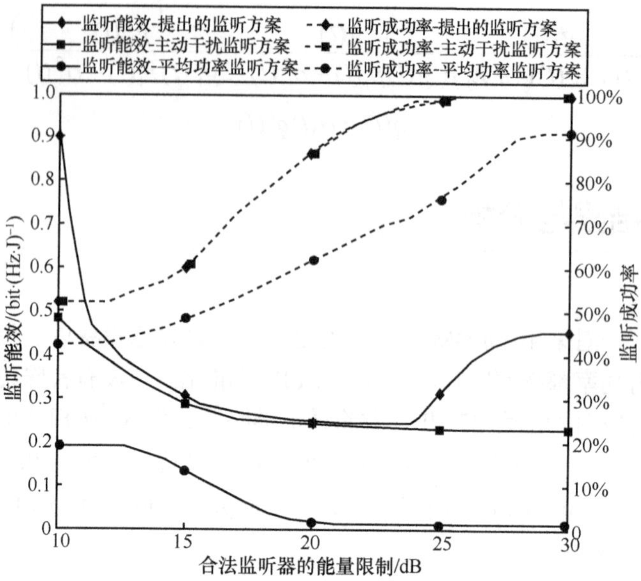

图 8-2 在 3 种方案下的监听能效和监听成功率对比

在 3 种方案下的监听能效和监听速率对比如图 8-3 所示。由图 8-3 可知，与其他两种监听方案相比，本章提出的监听方案在监听能效和监听速率上都更有优势。另外，当监听器的能量很少时，虽然本章提出的监听方案对于监听速率和监听能效的改善较小，但却能保证监听成功率与已有的主动干扰监听方案相同，这是因为监听器的能量主要用于确保监听尽可能多的可疑链路。

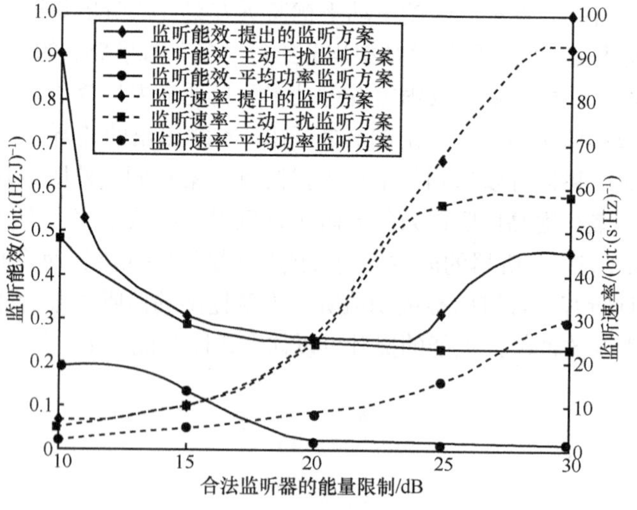

图 8-3 在 3 种方案下的监听能效和监听速率对比

根据推论 7-1，当 $Q>Q_l$ 时，监听器已经成功监听了所有可疑链路，这时按照本章提出的监听方案，监听器的能量将会用于协助可疑用户转发信息，进一步提高监听器的监听性能。从图 8-4 可以看出，本章提出的监听方案可以巧妙利用可疑发送端的功率自适应，进一步提高监听效率，解决合法监听器功率干涉和可疑发送端功率自适应调整的相互博弈问题。同时，图 8-4 还比较了不同链路数量下的监听性能，从仿真结果可以看出，可疑发送端划分的链路越多，越有利于监听器通过干涉来改善监听性能。

图 8-5 是 $Q>Q_l$ 时，在两种监听方案下的监听能效对比。从图 8-5 可以看出，可疑发送端无论是采用固定发射功率策略还是采用自适应发射功率策略，本章提出的监听方案的监听能效都远高于平均功率监听方案。另外，从仿真结果还可以看出，当监听器能量不足时，可疑发送端发射功率自适应下的监听能效低于可疑发送端发射功率固定下的监听能效，这是由于监听器的干扰会影响可疑链路的信道状况，从而导致被监听的可疑链路的发射功率降低。但相对于平均功率监听方案，本章提出的监听方案能减小由可疑发射功率自适应带来的影响。

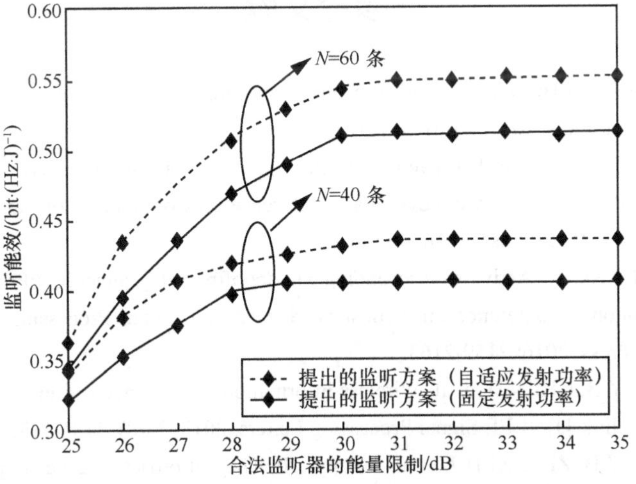

图 8-4　$Q>Q_l$ 时，两种监听方案不同链路数量下的监听能效对比

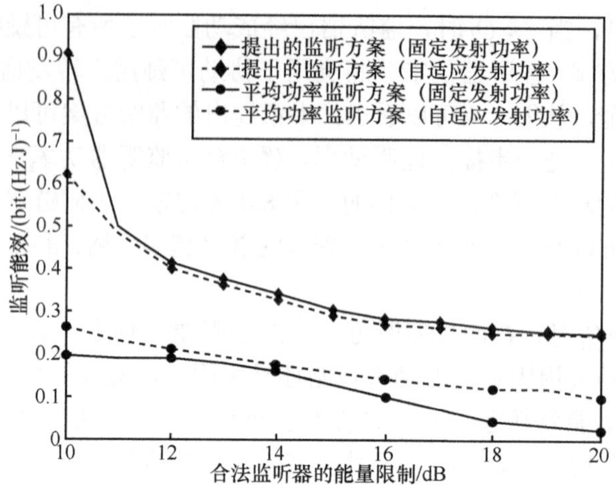

图 8-5　$Q>Q_l$时，两种监听方案下的监听能效对比

参考文献

[1] JIANG X, LIN H, ZHONG C J, et al. Proactive eavesdropping in relaying systems[J]. IEEE Signal Processing Letters, 2017, 24(6): 917-921.

[2] TRAN H, ZEPERNICK H J. Proactive attack: a strategy for legitimate eavesdropping[C]//Proceedings of 2016 IEEE Sixth International Conference on Communications and Electronics (ICCE). Piscataway: IEEE Press, 2016: 457-461.

[3] ZENG Y, ZHANG R. Active eavesdropping via spoofing relay attack[C]//Proceedings of 2016 IEEE International Conference on Acoustics, Speech and Signal Processing (ICASSP). Piscataway: IEEE Press, 2016: 2159-2163.

[4] LI B G, YAO Y B, CHEN H, et al. Wireless information surveillance and intervention over multiple suspicious links[J]. IEEE Signal Processing Letters, 2018, 25(8): 1131-1135.

[5] LI B G, YAO Y B, ZHANG H J, et al. Energy efficiency of proactive eavesdropping for multiple links wireless system[J]. IEEE Access, 2018, 6: 26081-26090.

[6] ZENG Y, ZHANG R. Wireless information surveillance via proactive eavesdropping with spoofing relay[J]. IEEE Journal of Selected. Topics Signal Processing, 2016, 10(8): 1449-1461.

[7] XU J, DUAN L, ZHANG R. Proactive eavesdropping via jamming for rate maximization over Rayleigh fading channels[J]. IEEE Wireless Communications Letters, 2016, 5(1): 80-83.

第 9 章
多可疑链路情况下的合作监听系统

9.1 系统简介

第 7 章和第 8 章分析了多可疑链路情况下单合法监听器的监听方案，监听器能够承担起全部的监听和干涉任务。所提出的监听方案改善了主动监听方案的监听性能，并将监听器能量受限这一特性考虑进优化问题中，同时考虑了可疑发送端会采取不同发送策略的影响，解决了可疑发送端功率自适应调整和监听器功率干涉的相互博弈问题，提高了监听器的监听性能。但是，以上内容包括目前现有的研究都只涉及单合法监听器，没有考虑监听器的处理能力[1-5]。此外，全双工的监听器尽管采用了先进的自干扰消除技术，但仍会有一部分残余自干扰对监听器监听天线造成影响，因此合法监听的处理能力和自干扰对监听性能影响的解决方案亟待研究。

现有文献对中继协作的主动监听系统进行了初步研究[6]，根据合作通信的思想，本章提出了一种合作监听系统[7]，监听器不再仅仅只是单一设备，而是由一个主监听器和一个辅助监听器组成。两个监听器组成的合作监听系统能够合作完成对一条可疑链路的干扰和监听，解决了监听范围内存在监听器不能同时承担监听任务和干扰任务的问题。

9.2 系统模型

多可疑链路情况下的合作监听系统如图 9-1 所示，监听范围内有一个可疑发送端 S 向多个可疑接收端 D 广播有害信息，假设可疑接收端都工作在不同的频段，则可以认为监听范围内存在 N 条相互正交的可疑链路。此外，假设可疑用户离监听器较远，这时监听范围内的可疑链路都没有被成功监听。合作监听系统由一个主监听器和一个辅助监听器组成，监听器都采用全双工技术，可以同时监听可疑发送端和干扰可疑接收端。对于这个合作监听系统，两个监听器之间有一条高速并且低时延的反馈信道来满足它们之间的即时通信，两个监听器之间监听到的信息可以即时共享。此外，出于实际考虑，两个监听器合作需要付出一定的代价，因此辅助监听器用来干扰可疑链路的能量由主监听器通过一条无线或有线的能量传输路径传递。

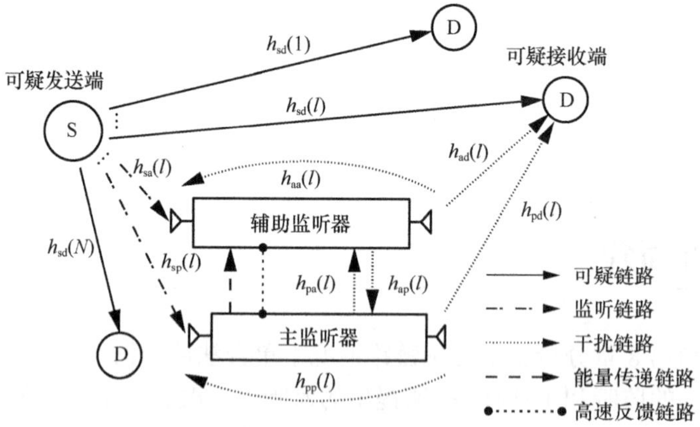

图 9-1 多可疑链路情况下的合作监听系统

本章仍假设所有信道均服从瑞利衰落，信道状态在每个时隙中保持不变并且各时隙相互独立。同时，监听器能获得所有链路的理想信道状态信息，可疑发送端和可疑接收端能够获得可疑链路的理想信道状态信息。

对于第 l 条可疑链路，$l\in[1,2,\cdots,N]$，定义 $h_{sd}(l)$ 为可疑发送端到可疑接收端可疑链路的信道系数，$h_{sa}(l)$ 和 $h_{sp}(l)$ 分别为可疑发送端到辅助监听器和主监听器监听链路的信道系数，$h_{ad}(l)$ 和 $h_{pd}(l)$ 分别为辅助监听器和主监听器到可疑接收端干扰链路的信道系数，$h_{ap}(l)$ 和 $h_{pa}(l)$ 分别为辅助监听器到主监听器和主监听器到辅助监听器干扰链路的信道系数，$h_{aa}(l)$ 和 $h_{pp}(l)$ 分别为辅助监听器和主监听器自干扰信道的信道系数。所有的信道系数均服从均值为 0 的复高斯分布，方差分别为 λ_{sd}、λ_{sa}、λ_{sp}、λ_{ad}、λ_{pd}、λ_{ap}、λ_{pa}、λ_{aa} 和 λ_{pp}。因此，对应信道的信道增益为 $g_{sd}(l)=|h_{sd}(l)|^2$、$g_{sa}(l)=|h_{sa}(l)|^2$、$g_{sp}(l)=|h_{sp}(l)|^2$、$g_{ad}(l)=|h_{ad}(l)|^2$、$g_{pd}(l)=|h_{pd}(l)|^2$、$g_{ap}(l)=|h_{ap}(l)|^2$、$g_{pa}(l)=|h_{pa}(l)|^2$、$g_{aa}(l)=|h_{aa}(l)|^2$ 和 $g_{pp}(l)=|h_{pp}(l)|^2$。

根据合作监听的协作机制，辅助监听器消耗的干扰能量由主监听器提供。由于能量传递的限制，传递给辅助监听器的能量受限并会损耗一部分，故每时隙辅助监听器接收到的能量服从以下条件

$$E_{\mathrm{ALM}} \leqslant \xi Q \tag{9-1}$$

其中，E_{ALM} 是每时隙辅助监听器接收到的能量，ξ 是能量传递系数，Q 是每时隙主监听器能够传递的最大能量。

由于监听器监听每条可疑链路的能力不同，根据两个监听器合作方式的不同，可以采用以下思路来改善监听系统的性能：选用最佳的监听天线监听每条可疑链路，选用最佳的干扰天线干扰每条可疑链路。因此，合作监听系统的监听性能取决于辅助监听器和主监听器的合作方式。

在研究监听系统的合作策略之前，定义本章需要用到的监听单可疑链路的监听能效为

$$\eta_{ij}(l) = \frac{r_{ij}^{(\mathrm{eav})}(l)}{q_{ij}(l)} \tag{9-2}$$

其中，$r_{ij}^{(\mathrm{eav})}(l), i, j \in \{1,2\}$ 和 $q_{ij}(l), i, j \in \{1,2\}$ 分别为监听系统采用 i 监听和 j 干扰时的监听速率和干扰功率。当 $i=1$ 时，采用的监听器为辅助监听器；当 $i=2$ 时，采用的监听器为主监听器，对于 $j \in \{1,2\}$ 也是如此。

在本章提出的合作监听策略中，全双工监听器的监听天线和干扰天线都可以独立工作，因此两个监听器可以同时工作，但本章不考虑两个监听器同时监听或者同时干扰的情况。同一时间只有一个监听器负责监听，但另一个监听器可以负责干扰。综上所述，主监听器和辅助监听器将会存在 4 种不同的工作模式。

9.2.1　辅助监听器负责监听和干扰

在这种情况下，可疑接收端接收到的信号为

$$y_{11}^{(\mathrm{D})}(l) = \sqrt{p(l)}h_{\mathrm{sd}}(l)s(l) + \sqrt{\xi q_{11}(l)}h_{\mathrm{ad}}(l)x(l) + n_{\mathrm{D}}(l) \tag{9-3}$$

辅助监听器接收到的信号为

$$y_{11}^{(\mathrm{E})}(l) = \sqrt{p(l)}h_{\mathrm{sa}}(l)s(l) + \sqrt{\rho_{11}\xi q_{11}(l)}h_{\mathrm{aa}}(l)x(l) + n_{\mathrm{E}}^{(\mathrm{A})}(l) \tag{9-4}$$

其中，$n_{\mathrm{D}}(l)$ 和 $n_{\mathrm{E}}^{(\mathrm{A})}(l)$ 分别为可疑接收端和辅助监听器监听天线的加性白高斯噪声，均值为 0、方差为 $\sigma^2(l)$；ρ_{ij} 为监听器 i 和 j 之间残余的自干扰系数，$i, j \in \{1,2\}$。

因此，根据各端接收到的信号，可以得出可疑接收端和辅助监听器监听天线的

信干噪比分别为

$$\gamma_{11}^{(D)}(l)=\frac{g_{sd}(l)p(l)}{g_{ad}(l)\xi q_{11}(l)+\sigma^2(l)} \tag{9-5}$$

$$\gamma_{11}^{(E)}(l)=\frac{g_{sa}(l)p(l)}{\rho_{11}g_{aa}(l)\xi q_{11}(l)+\sigma^2(l)} \tag{9-6}$$

由此，根据香农公式，可疑链路和监听链路的传输速率分别为

$$R_{11}^{(D)}(l)=\text{lb}\left(1+\frac{g_{sd}(l)p(l)}{g_{ad}(l)\xi q_{11}(l)+\sigma^2(l)}\right) \tag{9-7}$$

$$R_{11}^{(E)}(l)=\text{lb}\left(1+\frac{g_{sa}(l)p(l)}{\rho_{11}g_{aa}(l)\xi q_{11}(l)+\sigma^2(l)}\right) \tag{9-8}$$

9.2.2 辅助监听器负责监听，主监听器负责干扰

在这种情况下，可疑接收端接收到的信号为

$$y_{12}^{(D)}(l)=\sqrt{p(l)}h_{sd}(l)s(l)+\sqrt{q_{12}(l)}h_{pd}(l)x(l)+n_D(l) \tag{9-9}$$

辅助监听器接收到的信号为

$$y_{12}^{(E)}(l)=\sqrt{p(l)}h_{sa}(l)s(l)+\sqrt{\rho_{12}q_{12}(l)}h_{pa}(l)x(l)+n_E^{(A)}(l) \tag{9-10}$$

根据各端接收到的信号，可以得出可疑接收端和辅助监听器监听天线的信干噪比分别为

$$\gamma_{12}^{(D)}(l)=\frac{g_{sd}(l)p(l)}{g_{pd}(l)q_{12}(l)+\sigma^2(l)} \tag{9-11}$$

$$\gamma_{12}^{(E)}(l)=\frac{g_{sa}(l)p(l)}{\rho_{12}g_{pa}(l)q_{12}(l)+\sigma^2(l)} \tag{9-12}$$

由此，根据香农公式，可疑链路和监听链路的传输速率分别为

$$R_{12}^{(D)}(l)=\text{lb}\left(1+\frac{g_{sd}(l)p(l)}{g_{pd}(l)q_{12}(l)+\sigma^2(l)}\right) \tag{9-13}$$

$$R_{12}^{(\mathrm{E})}(l)=\mathrm{lb}\left(1+\frac{g_{\mathrm{sa}}(l)p(l)}{\rho_{12}g_{\mathrm{pa}}(l)q_{12}(l)+\sigma^2(l)}\right) \tag{9-14}$$

9.2.3　主监听器负责监听，辅助监听器负责干扰

在这种情况下，可疑接收端接收到的信号为

$$y_{21}^{(\mathrm{D})}(l)=y_{11}^{(\mathrm{D})}(l) \tag{9-15}$$

主监听器接收到的信号为

$$y_{21}^{(\mathrm{E})}(l)=\sqrt{p(l)}h_{\mathrm{sp}}(l)s(l)+\sqrt{\rho_{21}\xi q_{21}(l)}h_{\mathrm{ap}}(l)x(l)+n_{\mathrm{E}}^{(\mathrm{P})}(l) \tag{9-16}$$

根据各端接收到的信号，可以得出可疑接收端和主监听器监听天线的信干噪比分别为

$$\gamma_{21}^{(\mathrm{D})}(l)=\gamma_{11}^{(\mathrm{D})}(l) \tag{9-17}$$

$$\gamma_{21}^{(\mathrm{E})}(l)=\frac{g_{\mathrm{sp}}(l)p(l)}{\rho_{21}g_{\mathrm{ap}}(l)\xi q_{21}(l)+\sigma^2(l)} \tag{9-18}$$

由此，根据香农公式，可疑链路和监听链路的传输速率分别为

$$R_{21}^{(\mathrm{D})}(l)=R_{11}^{(\mathrm{D})}(l) \tag{9-19}$$

$$R_{21}^{(\mathrm{E})}(l)=\mathrm{lb}\left(1+\frac{g_{\mathrm{sp}}(l)p(l)}{\rho_{21}g_{\mathrm{ap}}(l)\xi q_{21}(l)+\sigma^2(l)}\right) \tag{9-20}$$

9.2.4　主监听器负责监听和干扰

在这种情况下，可疑接收端接收到的信号为

$$y_{22}^{(\mathrm{D})}(l)=y_{12}^{(\mathrm{D})}(l) \tag{9-21}$$

主监听器接收到的信号为

$$y_{22}^{(\mathrm{E})}(l)=\sqrt{p(l)}h_{\mathrm{sp}}(l)s(l)+\sqrt{\rho_{22}q_{22}(l)}h_{\mathrm{pp}}(l)x(l)+n_{\mathrm{E}}^{(\mathrm{P})}(l) \tag{9-22}$$

根据各端接收到的信号，可以得出可疑接收端和主监听器监听天线的信干噪比分别为

$$\gamma_{22}^{(D)}(l)=\gamma_{12}^{(D)}(l) \tag{9-23}$$

$$\gamma_{22}^{(E)}(l)=\frac{g_{sp}(l)p(l)}{\rho_{22}g_{pp}(l)q_{22}(l)+\sigma^2(l)} \tag{9-24}$$

由此，根据香农公式，可疑链路和监听链路的传输速率分别为

$$R_{22}^{(D)}(l)=R_{12}^{(D)}(l) \tag{9-25}$$

$$R_{22}^{(E)}(l)=\text{lb}\left(1+\frac{g_{sp}(l)p(l)}{\rho_{22}g_{pp}(l)q_{22}(l)+\sigma^2(l)}\right) \tag{9-26}$$

综上所述，合作监听系统的性能取决于上述 4 种监听模式的选择和干扰功率的分配。定义本章的优化目标——系统监听能效为

$$\eta_E=\frac{\sum_{l=1}^{N}\sum_{i=1}^{2}\sum_{j=1}^{2}x_{ij}(l)r_{ij}^{(eav)}(l)}{\sum_{l=1}^{N}\sum_{i=1}^{2}\sum_{j=1}^{2}x_{ij}(l)q_{ij}(l)} \tag{9-27}$$

其中，$x_{ij}(l)\in\{0,1\},\forall i,j$ 是监听天线和干扰天线的指示因子，$x_{ij}(l)=0$ 是指第 l 条可疑链路未被监听、未被干扰，$x_{ij}(l)=1$ 是指第 l 条可疑链路被 i 监听、被 j 干扰。

本章只考虑了监听器发送人为噪声时的能耗而忽略了监听解码的能耗，因为相比干扰能耗来说，监听的能耗很小，可以暂时忽略。同时，辅助监听器监听天线接收到的信息也会即时经由高速反馈信道传递给主监听器，之后由主监听器解码分析，所以辅助监听器接收到的能量只用来负责干扰可疑链路。

本章的研究目的是求解一个合作监听方案，使合作监听系统能够在耗费最少能量的同时监听尽可能多的可疑信息，因此建立优化问题为

$$\text{(P9-1)}:\ \max_{q_{ij}(l)>0,x_{ij}(l)\in\{0,1\}}\eta_E$$

$$\text{s.t.}\ \sum_{l=1}^{N}\sum_{j=1}^{2}x_{ij}(l)r_{ij}^{(eav)}(l)\leqslant G_i,\forall i \tag{9-28}$$

$$\sum_{l=1}^{N}\sum_{i=1}^{2}x_{i1}(l)q_{i1}(l)\leqslant Q \tag{9-29}$$

$$x_{ij}(l)R_{ij}^{(E)}(l)\geqslant x_{ij}(l)R_{ij}^{(D)}(l),\forall i,j \tag{9-30}$$

$$\sum_{i=1}^{2}\sum_{j=1}^{2}x_{ij}(l)=1 \tag{9-31}$$

其中，式（9-28）用于保证监听器的监听负载没有超过可承受的最大门限值 G_i，式（9-29）是辅助监听器的最大能量限制，式（9-30）是保障所有的可疑链路都能够被成功监听的限制条件，式（9-31）则是限制每条可疑链路只能同时被一个监听器监听以及被一个监听器干扰的限制条件。

通过对上述优化问题的分析可以得出，优化问题既包括连续变量又包括离散变量，并且优化问题和限制条件中既有非线性特性又有线性特性。所以优化问题是一个复杂的 MINLP 问题，监听天线和干扰天线的多种组合以及干扰功率的可变性使问题难以直接求解，需要利用 9.3 节提出的干扰功率的阈值特性来简化优化问题。

9.3　求解最佳合作监听方案

根据第 7 章提出的推论 7-1，可以确定监听器的最佳干扰功率，通过对监听器干扰特性的进一步分析可以发现，监听器发送的干扰功率存在一个阈值特性，具体分析如下。

推论 9-1　当且仅当 $R_{ij}^{(\mathrm{D})}(l)=R_{ij}^{(\mathrm{E})}(l)$ 时，监听器干扰单可疑链路可获得最大的监听能效，并且此时的监听速率为 $r_{ij}^{(\mathrm{eav})}(l)=R_{ij}^{(\mathrm{E})}(l)$，最佳干扰功率 $q_{ij}^{*}(l)$ 为将 $R_{ij}^{(\mathrm{D})}(l)$ 降低到与 $R_{ij}^{(\mathrm{E})}(l)$ 相等时耗费的干扰功率，且监听器的干扰功率要么为 $q_{ij}^{*}(l)$，要么为 0。

$$q_{ij}(l)=\begin{cases}q_{ij}^{*}(l),\alpha_{ij}(l)=1\\0,\alpha_{ij}(l)=0\end{cases}\tag{9-32}$$

其中，$\alpha_{ij}(l)=1$ 表示第 l 条可疑链路被监听器 i 和 j 成功监听，否则 $\alpha_{ij}(l)=0$。

证明　根据推论 7-1 可知，当监听器成功监听可疑链路时，$r_{ij}^{(\mathrm{eav})}(l)=R_{ij}^{(\mathrm{E})}(l)$，并且此时 $R_{ij}^{(\mathrm{D})}(l)=R_{ij}^{(\mathrm{E})}(l)$，否则 $r_{ij}^{(\mathrm{eav})}(l)=0$。

对于最佳的干扰功率，必须满足的条件为 $R_{ij}^{(\mathrm{D})}(l)=R_{ij}^{(\mathrm{E})}(l)$，此时恰好就是监听器刚好成功监听可疑链路的时刻，监听器能获得的最大监听速率为 $R_{ij}^{(\mathrm{E})}(l)$，并且此时消耗的干扰功率最小，$q_{ij}(l)=q_{ij}^{*}(l)$，因此这时的监听能效也是最大的。

如果监听器分配的干扰功率小于 $q_{ij}^{*}(l)$，则此时的监听速率为 0，监听能效也为 0，若再继续增大干扰功率，则会降低可疑链路的传输速率，导致系统的监听速率也随之降低，故监听器的干扰功率存在阈值特性，并满足式（9-32）。证毕。

根据推论 9-1，可以确定 4 种合作监听模式下监听各条可疑链路的最佳干扰功率，根据这一性质，可以将优化问题重组为一个组合优化问题，最佳合作监听方案可以在所有组合中找出符合优化问题限制条件并有最大监听能效的方案。然而，可疑链路的数量以及每种可疑链路的多种监听模式导致按照常规的组合优化求解方式难以求解得到最佳方案。但要求解优化问题，必须在确定最佳监听天线的同时确定最佳干扰天线，两者是相互影响的关系，所以为了能得出最佳合作监听方案，本章提出了一种分步式解法。

首先，假设每条可疑链路的干扰天线都已经确定，则可以求解优化问题得到在给定干扰天线下的最佳监听天线选择方案，这时得到的最佳监听天线选择方案是一个根据干扰天线而确定的解。回到原来的优化问题，重新求解最佳合作监听方案，因为已经求解出最佳监听天线和干扰天线之间的关系，此时优化问题中的变量就只剩下干扰天线，最后求解得到的最佳干扰天线选择方案可以用来确定监听天线的选取。具体求解过程将在本章后续具体介绍。

9.3.1 合作监听中的最佳监听天线选择算法

本节假设监听可疑链路的干扰天线已经确定，合作监听系统的优化目标是求解使系统监听能效最大化的监听天线选择方案。对于单可疑链路来说，受到的干扰来自辅助监听器或者主监听器中的任意一方，分别分析两个监听器被选为干扰器时的最佳监听天线选择方案，最后通过监听器的限制条件和监听能效来选取最终的监听天线选择方案。

（1）辅助监听器进行干扰

当选择辅助监听器干扰可疑接收端时，监听天线有两种选择，即选择为辅助监听器或主监听器，当监听天线选择为辅助监听器时，根据推论 9-1 可知，最大的监听能效和最佳的干扰功率分别为

$$\eta_{11}(l)=\frac{r_{11}^{(\mathrm{eav})}(l)}{q_{11}^{*}(l)} \tag{9-33}$$

$$q_{11}^{*}=\frac{\left(g_{\mathrm{sd}}(l)-g_{\mathrm{sa}}(l)\right)\sigma^{2}(l)}{\xi\left(g_{\mathrm{sa}}(l)g_{\mathrm{ad}}(l)-\rho_{11}g_{\mathrm{sd}}(l)g_{\mathrm{aa}}(l)\right)} \tag{9-34}$$

当监听天线选择为主监听器时，同样根据推论 9-1 可知，最大的监听能效和最佳的干扰功率分别为

$$\eta_{21}(l)=\frac{r_{21}^{(\mathrm{eav})}(l)}{q_{21}^{*}(l)} \tag{9-35}$$

$$q_{21}^{*}(l)=\frac{\left(g_{\mathrm{sd}}(l)-g_{\mathrm{sp}}(l)\right)\sigma^{2}(l)}{\xi\left(g_{\mathrm{sp}}(l)g_{\mathrm{ad}}(l)-\rho_{21}g_{\mathrm{sd}}(l)g_{\mathrm{ap}}(l)\right)} \tag{9-36}$$

（2）主监听器进行干扰

当选择主监听器干扰可疑接收端时，同样分析选择两种监听天线的监听能效和干扰功率，当监听天线选择为辅助监听器时，根据推论 9-1 可知，最大的监听能效和最佳的干扰功率分别为

$$\eta_{12}(l) = \frac{r_{12}^{(\text{eav})}(l)}{q_{12}^{*}(l)} \tag{9-37}$$

$$q_{12}^{*}(l) = \frac{\left(g_{\text{sd}}(l) - g_{\text{sa}}(l)\right)\sigma^{2}(l)}{g_{\text{sa}}(l)g_{\text{pd}}(l) - \rho_{12}g_{\text{sd}}(l)g_{\text{pa}}(l)} \tag{9-38}$$

当监听天线选择为主监听器时，同样根据推论 9-1 可知，最大的监听能效和最佳的干扰功率分别为

$$\eta_{22}(l) = \frac{r_{22}^{(\text{eav})}(l)}{q_{22}^{*}(l)} \tag{9-39}$$

$$q_{22}^{*}(l) = \frac{\left(g_{\text{sd}}(l) - g_{\text{sp}}(l)\right)\sigma^{2}(l)}{g_{\text{sp}}(l)g_{\text{pd}}(l) - \rho_{22}g_{\text{sd}}(l)g_{\text{pp}}(l)} \tag{9-40}$$

在分析完所有的监听天线选择情况后，可以根据最大监听能效来确定监听天线的选择，但必须满足监听器的负载均衡条件，即监听器的监听任务不能超过它能承受的上限。因此，最佳监听天线选择方案为

$$i^{*} = \arg\max_{i\in\{1,2\}} \ \eta_{ij}(l) \tag{9-41}$$

其中，$x_{ij}^{*}(l) \in \mathcal{X}_{i}^{*}$，$\mathcal{X}_{i}^{*}$ 是满足监听器负载均衡条件的最佳监听天线集合。算法 9-1 详细描述了最佳监听天线选择算法的流程。

算法 9-1 最佳监听天线选择算法

1) 初始化 $l = \{1,2,\cdots,N\}$，l 从 1 递增到 N

2) for $l = 1:N$

3) $\quad i^{*} = \arg\max_{i\in\{1,2\}} \ \eta_{ij}(l)$

4) end for

5) 按照监听能效 $\eta_{ij}(l)$ 递减的顺序对所有可疑链路进行排序

6) for $l = 1:N$

7) $\quad$ if $i^{*} = 1$ 并且 $R_{1j}^{(\text{E})} < G_{1}$

8) $\qquad$ 最佳监听器为辅助监听器

9) $\quad$ else

10)　最佳监听器为主监听器

11)　end if

12) end for

9.3.2 合作监听中的最佳干扰天线选择算法

9.3.1 节研究了在确定干扰天线条件下的最佳监听天线选择方案，得出的最佳监听天线集合是一个因变量为干扰器的集合，即集合中的监听天线会因合作监听系统选择的干扰天线的改变而改变。本节内容是在 9.3.1 节的基础上，确定最佳干扰天线集合，从而得到合作监听系统的最佳监听方案。综上所述，可以将优化目标中的监听天线 i 作为固定量，优化问题的目标变为求解最佳干扰天线集合。重新定义系统的监听能效为

$$\eta_{\mathrm{E}}=\frac{\sum_{l=1}^{N}\sum_{j=1}^{2}x_{ij}(l)r_{ij}^{(\mathrm{eav})}(l)}{\sum_{l=1}^{N}\sum_{j=1}^{2}x_{ij}(l)q_{ij}^{*}(l)} \tag{9-42}$$

其中，$x_{ij}(l),\forall j\in\{1,2\}$ 是监听天线的指示因子，当 $x_{i1}(l)=1$ 时，$x_{i2}(l)=0$，反之亦然，则

$$x_{i1}=\begin{cases}1, & \text{辅助监听器实施干扰}\\ 0, & \text{主监听器实施干扰}\end{cases} \tag{9-43}$$

$$x_{i2}=\begin{cases}1, & \text{主监听器实施干扰}\\ 0, & \text{辅助监听器实施干扰}\end{cases} \tag{9-44}$$

由推论 9-1 可以确定每条可疑链路需要的最佳干扰功率 $q_{ij}^{*}(l)$，因此可以将监听速率和合作监听系统的监听能效进一步表示为

$$r_{ij}^{(\mathrm{eav})}(l)=\mathrm{lb}\left(1+\frac{g_{\mathrm{sd}}(l)p(l)}{\sum_{j=1}^{2}x_{ij}(l)g_{j}^{(\mathrm{J})}(l)q_{ij}^{*}(l)+\sigma^{2}(l)}\right) \tag{9-45}$$

$$\eta_{\mathrm{E}}=\frac{\sum_{l=1}^{N}\mathrm{lb}\left(1+\frac{g_{\mathrm{sd}}(l)p(l)}{\sum_{j=1}^{2}x_{ij}(l)g_{j}^{(\mathrm{J})}(l)q_{ij}^{*}(l)+\sigma^{2}(l)}\right)}{\sum_{l=1}^{N}\sum_{j=1}^{2}x_{ij}(l)q_{ij}^{*}(l)} \tag{9-46}$$

其中，$g_j^{(\mathrm{J})}(l)q_{ij}^*(l)=\begin{cases}g_{\mathrm{ad}}(l)\xi q_{i1}^*(l), j=1\\ g_{\mathrm{pd}}(l)q_{i2}^*(l), j=2\end{cases}$。

综上所述，可以将系统监听能效最大化的原组合优化问题简化为

$$(\text{P9-2}):\max_{x_{ij}(l)\in\{0,1\}}\eta_{\mathrm{E}}$$

$$\text{s.t.}\quad x_{ij}(l)R_{ij}^{(\mathrm{E})}(l)=x_{ij}(l)R_{ij}^{(\mathrm{D})}(l),\forall j \tag{9-47}$$

$$\sum_{l=1}^{N}x_{i1}(l)q_{i1}(l)\leqslant Q \tag{9-48}$$

$$\sum_{j=1}^{2}x_{ij}(l)=1 \tag{9-49}$$

结合 9.3.1 节中的最佳监听天线选择算法，求解得到优化问题（P9-2）的最优解集合为 $\mathcal{X}^*=\left\{x_{ij}^*(1),x_{ij}^*(2),\cdots,x_{ij}^*(N)\right\}$，最大的系统监听能效为

$$\eta_{\mathrm{E}}^*=\frac{\sum_{l=1}^{N}\sum_{j=1}^{2}x_{ij}^*(l)r_{ij}^{(\mathrm{eav})}(l)}{\sum_{l=1}^{N}\sum_{j=1}^{2}x_{ij}^*(l)q_{ij}^*(l)}=\max\frac{\sum_{l=1}^{N}\sum_{j=1}^{2}x_{ij}(l)r_{ij}^{(\mathrm{eav})}(l)}{\sum_{l=1}^{N}\sum_{j=1}^{2}x_{ij}(l)q_{ij}^*(l)} \tag{9-50}$$

推论 9-2　当且仅当以下条件满足时，合作监听系统可以获得最大的监听能效 η_{E}^*，即

$$\max_{x_{ij}(l)\in\{0,1\}}\sum_{l=1}^{N}\sum_{j=1}^{2}x_{ij}(l)r_{ij}^{(\mathrm{eav})}(l)-\eta_{\mathrm{E}}^*\sum_{l=1}^{N}\sum_{j=1}^{2}x_{ij}(l)q_{ij}^*(l)=\sum_{l=1}^{N}\sum_{j=1}^{2}x_{ij}^*(l)r_{ij}^{(\mathrm{eav})}(l)-\eta_{\mathrm{E}}^*\sum_{l=1}^{N}\sum_{j=1}^{2}x_{ij}^*(l)q_{ij}^*(l)=0 \tag{9-51}$$

根据推论 9-2，可以将优化问题（P9-2）转化为一个非凸的组合优化问题，即

$$(\text{P9-3}):\max_{x_{ij}(l)\in\{0,1\}}\sum_{l=1}^{N}\sum_{j=1}^{2}x_{ij}(l)r_{ij}^{(\mathrm{eav})}(l)-\eta_{\mathrm{E}}^*\sum_{l=1}^{N}\sum_{j=1}^{2}x_{ij}(l)q_{ij}^*(l)$$

s.t. 式（9-47）~式（9-49）

优化问题（P9-3）的最优解集合 $\mathcal{X}^*=\left\{x_{ij}^*(1),x_{ij}^*(2),\cdots,x_{ij}^*(N)\right\}$ 是方程 $\mathcal{F}(\eta_{\mathrm{E}}^*)=0$ 的解，$\mathcal{F}(\eta_{\mathrm{E}}^*)=\sum_{l=1}^{N}\sum_{j=1}^{2}x_{ij}(l)r_{ij}^{(\mathrm{eav})}(l)-\eta_{\mathrm{E}}^*\sum_{l=1}^{N}\sum_{j=1}^{2}x_{ij}(l)q_{ij}^*(l)$。

为了求解上述非凸问题，将离散变量 $x_{ij}(l)$ 松弛为连续变量 $0\leqslant x_{ij}(l)\leqslant 1,\forall j\in\{1,2\}$。松弛后的优化问题是一个凸优化问题，即

$$(\text{P9-3-1}): \max_{x_{ij}(l)\in\{0,1\}} \mathcal{F}(\eta_{\mathrm{E}}^*)$$
$$\text{s.t.式（9-47）}\sim\text{式（9-49）}$$
$$0 \leqslant x_{ij}(l) \leqslant 1, \forall j \tag{9-52}$$

引入拉格朗日乘子 $\mu_{ij}(l)$ 和 $\upsilon(l)$， $\lambda>0$，构建拉格朗日方程为

$$\mathcal{L} = \sum_{l=1}^{N} \mathrm{lb}\left(1+\frac{g_{\mathrm{sd}}(l)p(l)}{\sum_{j=1}^{2} x_{ij}(l)g_{\mathrm{jd}}(l)q_{ij}^*(l)+\sigma^2(l)}\right) - \lambda\left(\sum_{l=1}^{N} x_{i1}(l)q_{i1}^*(l)-Q\right) +$$
$$\sum_{j=1}^{2}\mu_{ij}(l)\left(\frac{x_{ij}(l)g_{\mathrm{sd}}(l)p(l)}{\sum_{j=1}^{2} x_{ij}(l)q_{ij}^*(l)g_{\mathrm{jd}}(l)+\sigma^2(l)} - \frac{x_{ij}(l)g_i^{(\mathrm{E})}(l)p(l)}{\sum_{j=1}^{2} x_{ij}(l)\rho_{ij}q_{ij}^*(l)g_{ij}^{(\mathrm{SI})}(l)+\sigma^2(l)}\right) -$$
$$\eta_{\mathrm{E}}^*\sum_{l=1}^{N}\sum_{j=1}^{2} x_{ij}(l)q_{ij}^*(l) - \upsilon(l)\left(\sum_{j=1}^{2} x_{ij}(l)-1\right) \tag{9-53}$$

其中，$g_{\mathrm{jd}}(l)$ 是监听系统采用 j 干扰到第 l 条可疑链路接收端的信道增益，$g_i^{(\mathrm{E})}(l)$ 是可疑发送端到监听器的信道增益，$g_{ij}^{(\mathrm{SI})}(l)$ 是监听器之间的信道增益。

当给定一个最大监听能效 η_{E}^* 时，可以求得 $\mathcal{L}(x_{ij}(l))$ 在各变量方向上的梯度为

$$\frac{\partial\mathcal{L}}{\partial x_{i1}(l)} = \varphi\left(x_{i1}(l)\right) + \frac{\left(\mathcal{G}_1(l)+\lambda+\upsilon(l)+\eta_{\mathrm{E}}^*\right)}{g_{\mathrm{ad}}(l)} \tag{9-54}$$

$$\frac{\partial\mathcal{L}}{\partial x_{i2}(l)} = \varphi\left(x_{i2}(l)\right) + \frac{\left(\mathcal{G}_2(l)+\upsilon(l)+\eta_{\mathrm{E}}^*\right)}{g_{\mathrm{pd}}(l)} \tag{9-55}$$

其中，$\mathcal{G}_j(l)=\mu_{ij}(l)\left(g_{\mathrm{sd}}(l)-\rho_{ij}g_{ij}^{(\mathrm{SI})}-g_i^{(\mathrm{E})}g_j^{(\mathrm{J})}\right)q_{ij}^*(l)$，$\varphi\left(x_{ij}(l)\right)=\dfrac{g_{\mathrm{sd}}(l)p(l)}{\ln 2\left(\mathcal{K}(l)+g_{\mathrm{sd}}(l)p(l)\right)\mathcal{K}(l)}$，$\mathcal{K}(l)=\sum_{j=1}^{2} x_{ij}(l)g_j^{\mathrm{J}}(l)q_{ij}^*(l)+\sigma^2(l)$。

实际上，在优化问题（P9-2）求得的最优解中，只有很少一部分可疑链路是由两个监听器同时进行干扰的，大部分解集合中的 $x_{ij}(l)$ 不是 1 就是 0。所以，合作监听的最佳干扰天线选择方案可以根据选择最大的 $x_{ij}(l)$ 来确定。

$$\begin{cases} x_{ij}^*(l)=1,\ i^*=\arg\max\limits_{i\in\{1,2\}}\eta_{ij}(l), j^*=\arg\max\limits_{j\in\{1,2\}}x_{ij}(l) \\ x_{ij}(l)=0,\ \text{其他} \end{cases} \tag{9-56}$$

其中，$x_{ij}^*(l)\in\mathcal{X}_j^*$，$\mathcal{X}_j^*$ 是满足优化限制条件的最佳干扰天线选择方案。式（9-56）保证有且只有一个监听器在干扰单可疑链路。

当求解得到最佳干扰天线选择方案时，根据 9.3.1 节的干扰天线确定下的最佳监听天线选择算法，可以得到合作监听系统的最佳监听方案，综合两种分步算法，算法 9-2 详细描述了最佳干扰天线选择算法的流程。

算法 9-2　最佳干扰天线选择算法

1) 初始化 $n=0,\eta_{\mathrm{E}}^{*(n)}=0,\epsilon>0$

2) while $\mathcal{F}(\eta_{\mathrm{E}}^{*(n)})>\epsilon$

3) $\mathcal{X}_j^{*(l)}=\underset{x_{ij}(l)\in\{0,1\}}{\arg\max}\sum_{l=1}^{N}\sum_{j=1}^{2}x_{ij}(l)r_{ij}^{(\mathrm{eav})}(l)-\eta_{\mathrm{E}}^{*(l)}\sum_{l=1}^{N}\sum_{j=1}^{2}x_{ij}(l)q_{ij}^*(l)$

4) 结合算法 9-1 中的最佳监听天线选择算法得到最佳合作监听方案

5) $\mathcal{F}(\eta_{\mathrm{E}}^{*(n)})=\sum_{l=1}^{N}\sum_{j=1}^{2}x_{ij}^{*(n)}(l)r_{ij}^{(\mathrm{eav})}(l)-\eta_{\mathrm{E}}^{*(n)}\sum_{l=1}^{N}\sum_{j=1}^{2}x_{ij}^{*(n)}(l)q_{ij}^{*(n)}(l)$

6) $\eta_{\mathrm{E}}^{*(n+1)}=\dfrac{\sum_{l=1}^{N}\sum_{j=1}^{2}x_{ij}^{*(n)}(l)r_{ij}^{(\mathrm{eav})}(l)}{\sum_{l=1}^{N}\sum_{j=1}^{2}x_{ij}^{*(n)}(l)q_{ij}^{*(n)}(l)}$

7) $n=n+1$

8) end while

9.4　非合作监听系统的最佳监听方案

（1）辅助监听器工作

对于单可疑链路来说，可疑接收端和监听器接收到的信号与合作监听的第一种模式相同，根据推论 9-1，可以获得辅助监听器的最佳干扰功率为 $q_{ij}^*(l)$。此时的优化问题为二进制整数线性规划问题，即

$$\text{(P9-4)}:\ \max_{\alpha_{11}(l)\in\{0,1\}}\eta_{\mathrm{E}}^{(1)}=\frac{\sum_{l=1}^{N}\alpha_{11}(l)r_{11}^{(\mathrm{eav})}(l)}{\sum_{l=1}^{N}\alpha_{11}(l)q_{11}(l)}$$

$$\text{s.t.}\quad R_{11}^{(\mathrm{E})}(l)\geqslant R_{11}^{(\mathrm{D})}(l)\tag{9-57}$$

$$\sum_{l=1}^{N}r_{11}^{(\mathrm{eav})}(l)\leqslant G_1\tag{9-58}$$

$$\sum_{l=1}^{N} q_{11}(l) \leqslant Q \tag{9-59}$$

（2）主监听器工作

在主监听器负责监听的模式下，对于单可疑链路来说，可疑接收端和监听器接收到的信号与合作监听的第四种模式相同，同样构建优化问题为

$$\text{(P9-5)}: \max_{\alpha_{22}(l)\in\{0,1\}} \eta_{\mathrm{E}}^{(2)} = \frac{\sum_{l=1}^{N} \alpha_{22}(l) r_{22}^{(\mathrm{eav})}(l)}{\sum_{l=1}^{N} \alpha_{22}(l) q_{22}(l)}$$

$$\text{s.t. } R_{22}^{(\mathrm{E})}(l) \geqslant R_{22}^{(\mathrm{D})}(l) \tag{9-60}$$

$$\sum_{l=1}^{N} r_{22}^{(\mathrm{eav})}(l) \leqslant G_2 \tag{9-61}$$

根据前述章节的求解方法，可以求得对应的最大监听能效$\eta_{\mathrm{E}}^{(k)}, k \in \{1,2\}$。非合作监听系统的最佳监听方案可以根据选择更大的监听能效获得，则非合作监听的最佳方案为

$$k^* = \arg\max_{k\in\{1,2\}} \eta_{\mathrm{E}}^{(k)} \tag{9-62}$$

9.5 仿真结果与分析

本章考虑一个合作监听系统，在监听器的监听范围内，有一个发射功率为 10 dBm 的可疑发送端与 N 个随机分布的可疑接收端，即存在 N 条可疑链路，考虑信道受大尺度衰落的影响，路径损耗指数$\alpha = 3$，如$d^{-\alpha} g$，d为两个通信节点之间的距离，g为信道增益，假设所有平均信道增益的方差为 1。为了便于仿真，系统的所有节点都在二维拓扑上。定义$d_{\mathrm{sd}}(l)$为可疑发送端到第 l 个可疑接收端的距离，d_{sa}为可疑发送端到辅助监听器的距离，d_{sp}为可疑发送端到主监听器的距离，$d_{\mathrm{ad}}(l)$为辅助监听器到第 l 个可疑接收端的距离，$d_{\mathrm{pd}}(l)$为主监听器到第 l 个可疑接收端的距离。$d_{\mathrm{sd}}(l)$ 的范围为 [400,500] m，可以根据 $d_{\mathrm{sd}}(l)$ 和 d_{sa} 确定 $d_{\mathrm{ad}}(l) = \sqrt{|d_{\mathrm{sd}}(l)|^2 + |d_{\mathrm{sa}}|^2 - 2|d_{\mathrm{sd}}(l)||d_{\mathrm{sa}}|\cos\theta(l)}$，$d_{\mathrm{pd}}(l)$同样如此，其中，$\theta(l) \in [0,\pi]$为可疑链路和监听链路之间的夹角。主监听器能够传递给辅助监听器的最大功率为 25 dB，能量传递系数为 0.9。各监听器能够承受的监听负担阈值为 50 bit/(s·Hz)。自干扰消除系数$\rho_{ij} = -40\ \mathrm{dB}, \forall i, j$。具体仿真参数如表 9-1 所示。

表 9-1　仿真参数

系统配置	参数
可疑发送端的发射功率 $p(l)$ /dBm	10
噪声功率 $\sigma^2(l)$ /dBm	−80
可疑链路数量 N/条	100
可疑发送端到可疑接收端之间的距离 $d_{sd}(l)$ /m	[400, 500]
可疑发送端到主监听器的距离 $d_{sp}(l)$ /m	[1 000, 1 500]
可疑发送端到辅助监听器的距离 $d_{sa}(l)$ /m	[1 000, 1 500]
主监听器可传递的最大功率 Q /dB	25
监听器的最大监听负载 G /(bit·(s·Hz)$^{-1}$)	50
能量传递系数 ξ	0.9
自干扰消除系数 ρ_{ij} /dB	−40

图 9-2 给出了合作监听方案与非合作监听方案在辅助监听器不断接近可疑发送端情况下的监听速率对比结果。此时，可疑发送端到主监听器的距离固定为 1 500 m。为了便于描述，图 9-2 中的横坐标采用递减的形式。从仿真结果可以得出，当两个监听器距离可疑发送端都很远时，本章提出的合作监听方案比非合作监听方案有一定的性能提升。当辅助监听器逐渐靠近可疑发送端时，主监听器的监听速率会降低，但不会为 0，合作监听方案的性能提升会减弱但始终存在。所以即使在两个监听器平均信道状况差别很大的情况下，本章提出的合作监听方案依旧有效。

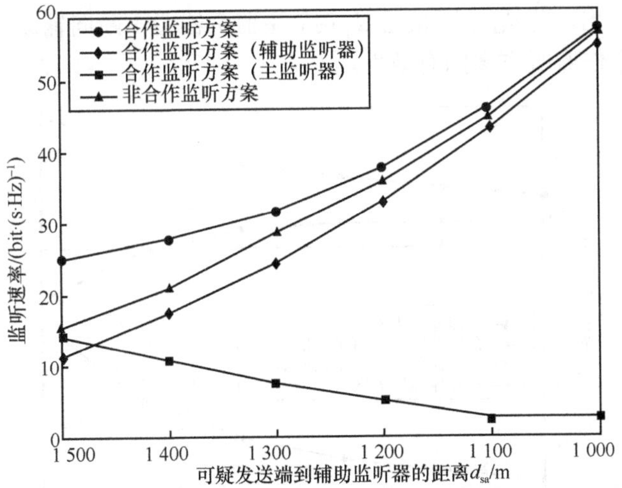

图 9-2　系统监听速率随 d_{sa} 的变化（d_{sp}=1 500 m）

图 9-3 给出了合作监听方案和非合作监听方案在 d_{sa} 不断减小情况下系统监听能效

的对比结果。从图 9-3 可以直观地看出，本章提出的合作监听方案能提高系统的监听能效。当辅助监听器不断接近可疑发送端时，合作监听方案在监听能效上的改善更加明显，仿真结果说明，合作监听方案确实能够消耗更少的能量来获得同样的监听速率。

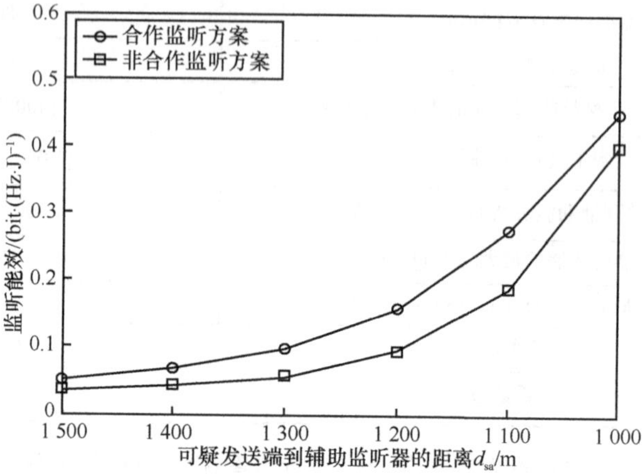

图 9-3　系统监听能效随 d_{sa} 的变化（d_{sp}=1 500 m）

图 9-4 和图 9-5 中，将可疑发送端到主监听器的距离变为 1 000 m，此时辅助监听器由远到近逐渐接近可疑发送端。从仿真结果可以看出，非合作监听方案在这种情况下的监听速率和监听能效几乎没有改善，而合作监听方案的监听速率和监听能效一直高于非合作监听方案，并且能随着辅助监听器的接近而不断提高。仿真结果表明，合作监听对监听器位置的变化很敏感，并能据此改善监听性能。此外，从图 9-4 可以看出，当 d_{sa} 不断接近 d_{sp} 时，主监听器会不断向辅助监听器卸载监听任务，说明了合作监听方案的有效性。

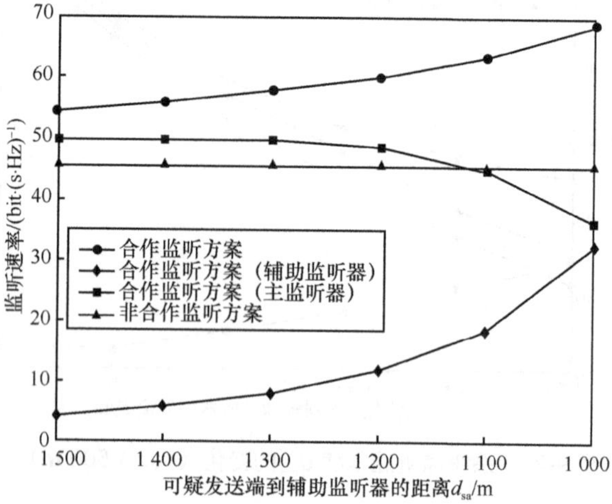

图 9-4　系统监听速率随 d_{sa} 的变化（d_{sp}=1 000 m）

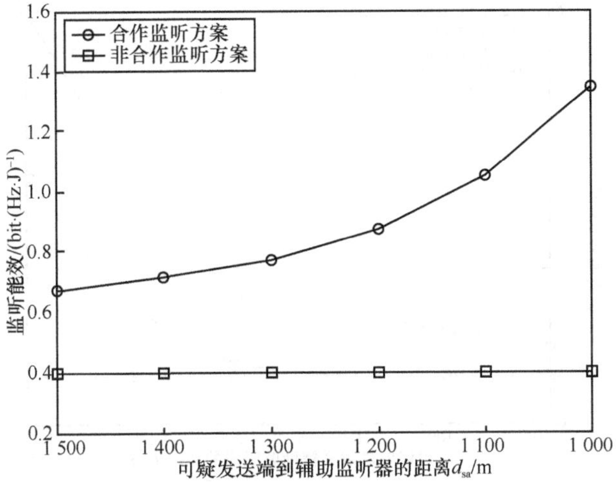

图 9-5　系统监听能效随 d_{sa} 的变化（d_{sp}=1 000 m）

为了进一步研究监听器和可疑发送端之间的距离对合作监听性能的影响，在图 9-6 和图 9-7 中，将可疑发送端到主监听器的距离设为变化范围的中点，d_{sp}=1 200 m。从图 9-6 的仿真结果可以看出，当可疑发送端到两个监听器的距离差别较大时，由距离可疑发送端更近的监听器负责主要的监听任务。此外，图 9-6 和图 9-7 将本章提出的合作监听方案与现有主动监听方案进行了对比，可以看出，现有主动监听方案的性能曲线为一条不变的直线，因为现有主动监听方案都只包含主监听器；而合作监听系统中，监听系统的性能可以通过切换主监听器和辅助监听器的监听天线和干扰天线来进行改善。

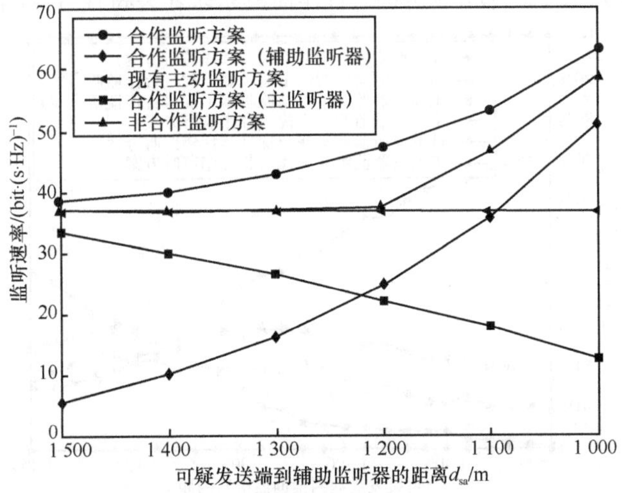

图 9-6　3 种监听方案下，系统监听速率随 d_{sa} 的变化（d_{sp}=1 200 m）

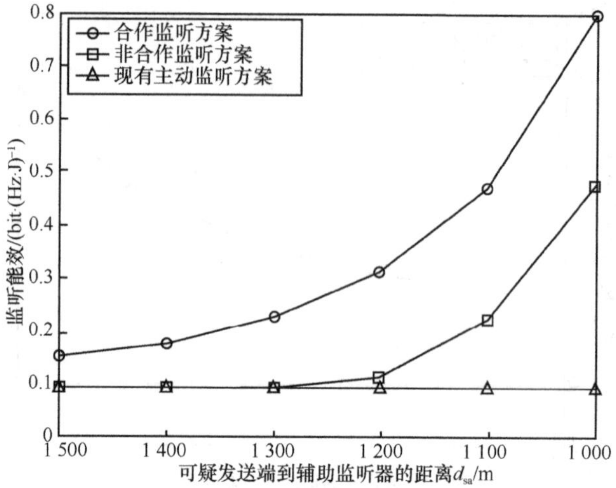

图 9-7 3 种监听方案下，系统监听能效随 d_{sa} 的变化（d_{sp}=1 200 m）

图 9-8 给出了在不同 d_{sa} 的情况下，主监听器和辅助监听器所承担的监听和干扰任务负载比例。从仿真结果可以看出，当主监听器更接近可疑发送端时，监听系统的大部分监听和干扰任务都由主监听器承担，即使辅助监听器逐渐接近可疑发送端直到 $d_{sa} < d_{sp}$ 时，主监听器仍承担了一部分监听和干扰任务，这是因为信道状况不仅由通信节点之间的距离决定，同样会受到小尺度衰落的影响。此外，当 d_{sa} 越来越接近 d_{sp} 时，主监听器和辅助监听器所承担的任务比例越来越接近；当 d_{sa} 略小于 d_{sp} 而不相等时，主监听器和辅助监听器的任务比例基本相等，这是因为辅助监听器的能量是由主监听器提供的，能量的传递会有一定的损耗，所以只有当辅助监听器提供的性能提升大于这部分损耗时，合作监听系统才会将任务分配给辅助监听器。

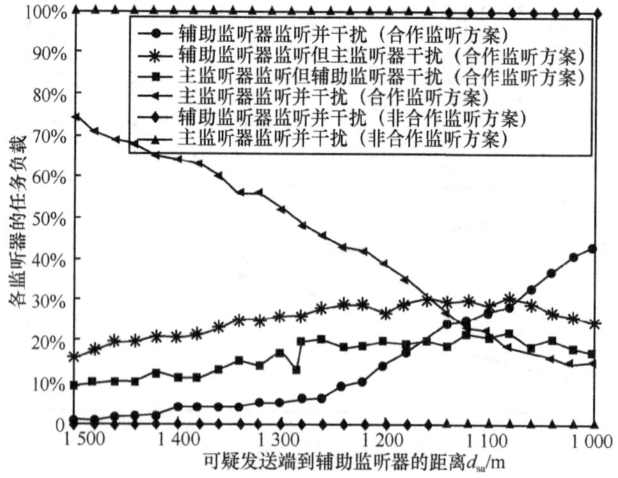

图 9-8 两个监听器的监听和干扰任务负载比例随 d_{sa} 的变化（d_{sp}=1 200 m）

综上所述，当可疑发送端到辅助监听器和主监听器的距离相差不大时，合作监听方案对监听系统的性能提升显著。当两者之间的距离相差较大时，虽然系统性能改善并不明显，但合作监听方案仍然有效，此外，图 9-8 中的仿真结果表明，无论可疑发送端到辅助监听器的距离是远还是近，合作监听方案都一直有效，并且能够改善监听性能，这是因为尽管可疑发送端的位置确定，但可疑接收端分布的随机性和信道状况的波动性使合作监听方案有提升监听性能的空间。通过分析仿真结果可以确定，本章提出的合作监听方案有效并且性能优于现有的单监听器主动监听方案。

参考文献

[1] MOON J, LEE S H, LEE H, et al. Proactive eavesdropping with jamming and eavesdropping mode selection[J]. IEEE Transactions on Wireless Communications, 2019, 18(7): 3726-3738.

[2] ZHANG H Y, DUAN L J, ZHANG R. Jamming-assisted proactive eavesdropping over two suspicious communication links[J]. IEEE Transactions on Wireless Communications, 2020, 19(7): 4817-4830.

[3] LI B G, YAO Y B, CHEN H, et al. Wireless information surveillance and intervention over multiple suspicious links[J]. IEEE Signal Processing Letters, 2018, 25(8): 1131-1135.

[4] ZENG Y, ZHANG R. Active eavesdropping via spoofing relay attack[C]//Proceedings of 2016 IEEE International Conference on Acoustics, Speech and Signal Processing (ICASSP). Piscataway: IEEE Press, 2016: 2159-2163.

[5] XU J, LI K, DUAN L J, et al. Proactive eavesdropping via jamming over HARQ-based communications[C]//Proceedings of IEEE Global Communications Conference. Piscataway: IEEE Press, 2017: 1-6.

[6] 朱敏, 张登银. 基于中继和主动干扰的合作监听方案设计[J]. 南京邮电大学学报（自然科学版）, 2018, 38(3): 14-18.

[7] LI B G, YAO Y B, ZHANG H J, et al. Energy efficiency of proactive cooperative eavesdropping over multiple suspicious communication links[J]. IEEE Transactions on Vehicular Technology, 2018, 68(1): 420-430.

第 10 章 基于短包理论的主动监听系统

10.1 系统简介

物联网的终极目标就是通过无线连接的方式将所有的设备连接起来，这些设备千差万别，从特别小的静态传感器到较大的无人机或者车辆，都可以被涵盖其中[1]。然而，无论是传感器产生的信号，还是机器型通信系统内部交换的信号，通常都是以短包的形式传输的。物联网的应用能够使人们的日常生活变得更加便捷，并产生很多正面的价值。然而，无人机通信等机器型通信容易被非法利用，而且很难被监测，这样就给公共安全的维护带来了巨大的挑战。因此，通过相关部门设立合法的监听点是十分有必要的。这些合法的监听点能够有效地发现可疑用户，对可疑用户进行监测，并且方便及时地采取有效措施，阻止信息在可疑用户之间传输。近年来，已经有一些文献对主动监听方式进行了研究，主动监听方式能够较好地改善监听的性能。

在合法主动监听的相关文献中，主要研究内容包括单可疑链路、多可疑链路和可疑中继通信链路。文献[2]研究的场景是一个合法监听器监听一条点到点的可疑链路，合法监听器通过发送噪声抑制信号实现主动监听，并且重点分析了监听速率这一系统性能。文献[3]研究的同样是简单的点到点可疑链路场景，不同的是，合法监听器通过认知的方式向可疑接收端发送噪声抑制信号，从而实现主动监听，并提高系统的监听速率。文献[4]研究的系统中包含两个合法监听器。文献[5]中的合法监听器利用了多天线技术，并且在通信系统中扮演了一个欺骗中继的角色，从而实现了对可疑用户以及可疑链路的主动监听。文献[6]

提出了一种新颖的欺骗方法，通过该方法可以改变可疑链路中传输的信息，达到安全通信的最终目的。文献[7]研究的是多可疑链路，并且重点分析了多可疑链路的监听速率最大化问题。文献[8]研究的也是多可疑链路，并且提出了一种有效的协作监听策略。文献[9]中的合法监听器监听一条可疑中继通信链路，并且主要对监听速率进行了研究。文献[10]和文献[11]分别对监听模式和监听非中断概率进行了研究。

上述文献中相关的理论研究都是根据香农容量进行的，且都假设信息以长包的形式传输。然而，当信息以短包的形式传输时，香农容量是不可能达到的。经过大量的文献调研发现，目前还没有相关文献将短包理论和合法主动监听联合起来进行研究。所以，本章将短包理论应用于合法监听系统，并根据短包理论分析了系统性能。

10.2　系统模型和假设

如图 10-1 所示，考虑一个合法监听系统包含一个可疑发送端 S、一个可疑接收端 D 和一个全双工的合法监听器 E。可疑发送端给可疑接收端传输信息，经过 L channel use，这里认为数据包包长为 L channel use。合法监听器采用译码转发中继方式，通过向可疑接收端转发信息促进对可疑链路的监听。可疑发送端和可疑接收端均安装了单根天线，而合法监听器安装了两根天线，一根用来监听或者接收可疑发送端发送的信息，另一根用来向可疑接收端中继或者传输接收到的信息。可疑发送端能够自适应地调节传输速率。假设通过先进的自干扰消除技术，合法监听器监听天线和中继天线之间的自干扰基本可以被消除。假设可疑发送端没有加密或认为合法监听器可以解密，合法监听器采用译码转发中继方式。此外，合法监听器可以作为一个欺骗中继，可疑发送端和可疑接收端都察觉不到合法监听器的存在，合法监听器获得可疑链路的信道状态信息和信息格式等信息，从而与可疑发送端和可疑接收端同步[12]。

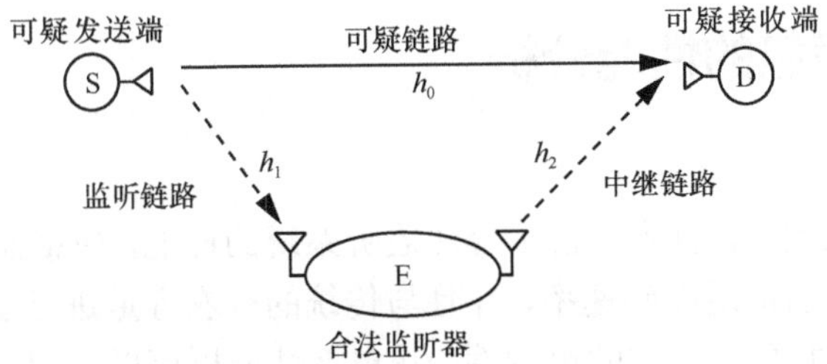

图 10-1　合法监听系统模型

考虑准静态瑞利衰落信道[13]，信道衰落系数在数据包传输过程中为常数，在数据包之间是相互独立并且同分布的。令 h_0、h_1 和 h_2 分别表示从可疑发送端到可疑接收端、从可疑发送端到合法监听器和从合法监听器到可疑接收端的信道衰落系数，相应的信道增益分别为 $g_0=|h_0|^2$、$g_1=|h_1|^2$ 和 $g_2=|h_2|^2$。此外，假设合法监听器知道所有链路的信道状态信息，信道状态信息的获取方法可参考文献[12]。

当给定错误概率 ε 时，信道编码速率 R 可以表示为

$$R=C-\sqrt{\frac{1-\frac{1}{(1+\gamma)^2}}{L}}Q^{-1}(\varepsilon)\text{lbe} \tag{10-1}$$

其中，$Q^{-1}(\cdot)$ 表示 Q 函数的反函数，Q 函数表示为 $Q(x)=\int_x^{\infty}\frac{1}{\sqrt{2\pi}}\mathrm{e}^{-\frac{t^2}{2}}\mathrm{d}t$；$C=\text{lb}(1+\gamma)$ 表示香农容量；γ 表示信噪比。这里信道编码速率的单位为 bit/channel use。需要注意的是，式（10-1）只是 $L\geqslant 100$ channel use 时的近似表达式，近似值和精确值之间的差别几乎可以忽略[13-14]。接下来，本章只考虑 $L\geqslant 100$ channel use 时的情况，因此采用式（10-1）的近似形式。经过简单转换，式（10-1）可以表示为

$$R=C-\sqrt{\frac{1-2^{-2C}}{L}}Q^{-1}(\varepsilon)\text{lbe} \tag{10-2}$$

类似地，给定信道编码速率 R，错误概率 ε 可以表示为

$$\varepsilon=Q\left(\frac{C-R}{\sqrt{\frac{1-\frac{1}{(1+\gamma)^2}}{L}}\text{lbe}}\right)=Q\left(\frac{C-R}{\sqrt{\frac{1-2^{-2C}}{L}}\text{lbe}}\right) \tag{10-3}$$

10.3 基于短包的性能分析

本节根据短包理论，首先分析了合法监听系统的性能，包括监听链路的信道编码速率和可疑链路的信道编码速率，并且与传统的香农容量进行了对比。然后定义了有效监听速率，并分析了它的单调性。从单调性分析可以证明，在较大的信噪比情况下，存在最大的有效监听速率。

10.3.1　信道编码速率分析

根据式（10-2），监听链路的信道编码速率可以表示为

$$R_{\mathrm{E}}=C_{\mathrm{E}}-\sqrt{\frac{1-2^{-2C_{\mathrm{E}}}}{L}}Q^{-1}\left(\varepsilon_{\mathrm{E}}\right)\mathrm{lbe} \tag{10-4}$$

其中，$C_{\mathrm{E}}=\mathrm{lb}(1+\gamma_{\mathrm{E}})$，$\gamma_{\mathrm{E}}=\dfrac{g_1P_1}{\sigma_{\mathrm{E}}{}^2}$表示 E 的信噪比，$P_1$表示 S 的传输功率，$\sigma_{\mathrm{E}}{}^2$表示 E 的噪声功率，$\varepsilon_{\mathrm{E}}$表示 E 的错误概率。类似地，可疑链路的有效信道编码速率可以表示为

$$R_{\mathrm{D}}=C_{\mathrm{D}}-\sqrt{\frac{1-2^{-2C_{\mathrm{D}}}}{L}}Q^{-1}\left(\varepsilon_{\mathrm{D}}\right)\mathrm{lbe} \tag{10-5}$$

其中，$C_{\mathrm{D}}=\mathrm{lb}(1+\gamma_{\mathrm{D}})$，$\gamma_{\mathrm{D}}=\dfrac{g_0P_1+g_2P_2}{\sigma_{\mathrm{D}}{}^2}$表示 D 的有效信噪比，$P_2$表示 E 的传输功率，$\sigma_{\mathrm{D}}{}^2$表示 D 的噪声功率，$\varepsilon_{\mathrm{D}}$表示 D 的错误概率。D 的错误概率与每条链路都有关，可以表示为

$$\varepsilon_{\mathrm{D}}=\varepsilon_0\left(\varepsilon_{\mathrm{E}}+(1-\varepsilon_{\mathrm{E}})\varepsilon_2\right) \tag{10-6}$$

其中，ε_0和ε_2分别表示可疑链路和中继链路的错误概率。

由$(1-\varepsilon_{\mathrm{E}})(1-\varepsilon_2)\geqslant 0$可知，$\varepsilon_{\mathrm{E}}+\varepsilon_2-\varepsilon_{\mathrm{E}}\varepsilon_2\leqslant 1$。进一步，可以推出$\varepsilon_{\mathrm{D}}\leqslant\varepsilon_0$。此外，首先考虑$\varepsilon_{\mathrm{E}}\geqslant\varepsilon_2$，可以推出$\varepsilon_{\mathrm{D}}=\varepsilon_0\varepsilon_{\mathrm{E}}(1-\varepsilon_2)+\varepsilon_0\varepsilon_2\leqslant\varepsilon_0\varepsilon_{\mathrm{E}}+\varepsilon_0\varepsilon_2\leqslant 2\varepsilon_0\varepsilon_{\mathrm{E}}$。综合起来可以得到

$$\varepsilon_{\mathrm{D}}\leqslant\varepsilon_0\min(2\varepsilon_{\mathrm{E}},1) \tag{10-7}$$

当$x>0$时，$Q(x)<0.5$。所以根据式（10-3）可知，$\varepsilon<0.5$，则$\varepsilon_{\mathrm{E}}<0.5$，$\varepsilon_0<0.5$。这样从式（10-7）可以推出$\varepsilon_{\mathrm{D}}<\varepsilon_{\mathrm{E}}$。

当$\varepsilon_{\mathrm{E}}<\varepsilon_2$时，可以推出$\varepsilon_{\mathrm{D}}<\varepsilon_2$。但是，$\varepsilon_{\mathrm{E}}\geqslant\varepsilon_2$更合理一些。理由包括：$\varepsilon_2$随着 E 传输速率的减小而减小；$\varepsilon_2$随着 E 传输功率的增大而减小；同时，$\varepsilon_{\mathrm{E}}$随着 E 传输功率的增大而增大。总之，通过减小 E 的传输速率或者增大 E 的传输功率，可以将ε_2控制为一个很小的值。

根据香农公式，监听链路的香农容量为C_{E}，可疑链路的有效香农容量为C_{D}，正如文献[15]中的一样。由此，给出以下推论。

推论 10-1　当$C_{\mathrm{E}}\geqslant C_{\mathrm{D}}$时，$R_{\mathrm{E}}>R_{\mathrm{D}}$。而$C_{\mathrm{E}}\geqslant C_{\mathrm{D}}$是基于香农容量时，E 能够成功

监听 S 信息的条件。所以，基于短包理论，E 能够在相同条件下成功监听 S 的信息。

证明 首先，当 $C_E=C_D$ 时，可以推出

$$R_E - R_D = C_E - \sqrt{\frac{1-2^{-2C_E}}{L}}Q^{-1}(\varepsilon_E)\text{lbe} - \left(C_D - \sqrt{\frac{1-2^{-2C_D}}{L}}Q^{-1}(\varepsilon_D)\text{lbe}\right) = \sqrt{\frac{1-2^{-2C_D}}{L}}Q^{-1}(\varepsilon_D)\text{lbe} - \sqrt{\frac{1-2^{-2C_E}}{L}}Q^{-1}(\varepsilon_E)\text{lbe} = \sqrt{\frac{1-2^{-2C_D}}{L}}\text{lbe}\left(Q^{-1}(\varepsilon_D) - Q^{-1}(\varepsilon_E)\right) \tag{10-8}$$

其中，$\sqrt{\frac{1-2^{-2C_D}}{L}}\text{lbe} > 0$。利用 $Q^{-1}(x)$ 是关于 x 的单调递减函数，又根据 $\varepsilon_D < \varepsilon_E$，可以推出 $Q^{-1}(\varepsilon_D) > Q^{-1}(\varepsilon_E)$。因此可知，当 $C_E=C_D$ 时，$R_E > R_D$。

其次，式（10-1）可以近似为

$$R=C - \sqrt{\frac{1}{L}}Q^{-1}(\varepsilon)\text{lbe} \tag{10-9}$$

如图 10-2 所示，信道编码速率的近似值与精确值很接近。

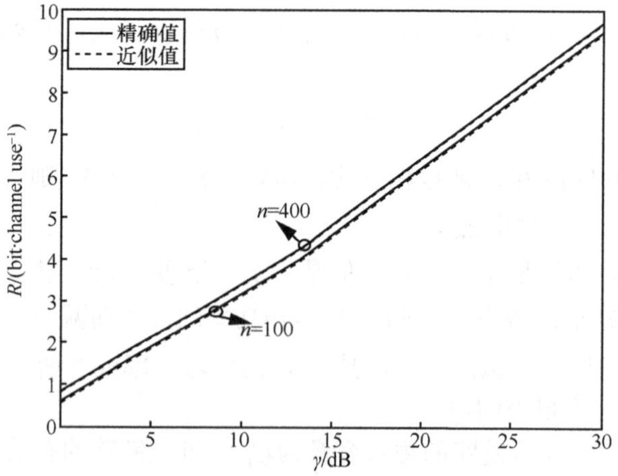

图 10-2 不同信噪比 γ 下信道编码速率 R 的近似值与精确值对比

根据式（10-9）可知，信道编码速率 R 随着香农容量 C 的增大而增大。那么，

R_{D} 随着 C_{D} 的增大而增大。和 $C_{\mathrm{E}}=C_{\mathrm{D}}$ 相比，如果 $C_{\mathrm{E}}>C_{\mathrm{D}}$，说明 C_{D} 减小了，所以 R_{E} 肯定大于 R_{D}。总之，当 $C_{\mathrm{E}}\geqslant C_{\mathrm{D}}$ 时，$R_{\mathrm{E}}>R_{\mathrm{D}}$。证毕。

基于香农容量，只有满足 $C_{\mathrm{E}}\geqslant C_{\mathrm{D}}$ 条件时，合法监听器才能监听到可疑发送端的信息。接下来，给出另一个推论，它与基于香农容量的条件不同。

推论 10-2 在 $C_{\mathrm{E}}<C_{\mathrm{D}}$ 的条件下，当 L 减小时，合法监听器仍然能够成功监听可疑接收端的信息，也就是 $R_{\mathrm{E}}\geqslant R_{\mathrm{D}}$ 仍然能够实现。

证明 根据式（10-8），当 $C_{\mathrm{E}}=C_{\mathrm{D}}$ 时，$R_{\mathrm{E}}-R_{\mathrm{D}}>0$。此外，由于 L 处于分母位置，因此 $R_{\mathrm{E}}-R_{\mathrm{D}}$ 随着 L 的增大而减小。这样，随着 L 不断减小，在 $C_{\mathrm{E}}<C_{\mathrm{D}}$ 的条件下，$R_{\mathrm{E}}\geqslant R_{\mathrm{D}}$ 仍然能够实现，具体参见仿真分析部分。证毕。

10.3.2 有效监听速率分析

当 $R_{\mathrm{E}}>R_{\mathrm{D}}$ 时，总可以通过某些方法（如增大合法监听器的传输功率）来增大 R_{D}，从而增大监听速率。直到 $R_{\mathrm{E}}=R_{\mathrm{D}}$ 时，说明 R_{D} 达到了最大值。一旦再增大 R_{D}，就会导致 $R_{\mathrm{E}}<R_{\mathrm{D}}$，此时合法监听器无法监听可疑发送端的信息。所以合法监听器想要实现对可疑链路的最大监听速率，就必须满足 $R_{\mathrm{E}}=R_{\mathrm{D}}$ 的条件。

接下来，根据短包理论，定义了有效监听速率，并通过有效监听速率对系统性能进行分析。有效监听速率可以表示为

$$R_{\mathrm{eff}}=R_{\mathrm{eav}}(1-\varepsilon_{\mathrm{E}}) \tag{10-10}$$

其中，R_{eav} 表示监听速率，并且满足 $R_{\mathrm{eav}}=R_{\mathrm{D}}=R_{\mathrm{E}}$ 的条件。根据式（10-3），可以将式（10-10）转换为

$$R_{\mathrm{eff}}=R_{\mathrm{eav}}\left(1-Q\left(\frac{a-R_{\mathrm{eav}}}{b}\right)\right) \tag{10-11}$$

其中，$a=C_{\mathrm{E}}=\mathrm{lb}(1+\gamma_{\mathrm{E}})$，$b=\sqrt{\dfrac{1-\dfrac{1}{(1+\gamma_{\mathrm{E}})^{2}}}{L}}\mathrm{lbe}$。接下来，通过分析式（10-11），得到以下推论。

推论 10-3 基于短包理论，对于较大的信噪比，在 $[0,R_{\mathrm{eav}}^{*}]$ 范围内，有效监听速率单调递增；在 (R_{eav}^{*},a) 范围内，有效监听速率单调递减。其中，R_{eav}^{*} 表示使有效监听速率 R_{eff} 最大的监听速率。

证明 为了证明存在使 R_{eff} 最大的 R_{eav}，首先研究了函数 R_{eff} 关于自变量 R_{eav} 的单调性和凹凸性。为了研究单调性和凹凸性，推导出了相应的一阶导数和二阶

导数。

根据定积分关于导数的微分表达式，R_{eff} 关于 R_{eav} 的一阶导数可以表示为

$$R'_{\text{eff}}(R_{\text{eav}})=\left(1-Q\left(\frac{a-R_{\text{eav}}}{b}\right)\right)+R_{\text{eav}}\left(-\frac{z}{b}\right)=1-Q\left(\frac{a-R_{\text{eav}}}{b}\right)-\frac{R_{\text{eav}}z}{b} \quad (10\text{-}12)$$

其中，$z=\frac{1}{\sqrt{2\pi}}\mathrm{e}^{-\frac{(a-R_{\text{eav}})^2}{2b^2}}$。

类似地，R_{eff} 关于 R_{eav} 的二阶导数可以表示为

$$R''_{\text{eff}}(R_{\text{eav}})=-\frac{z}{b}-\left(\frac{z}{b}+\frac{R_{\text{eav}}z(a-R_{\text{eav}})}{b^3}\right)=-\frac{2z}{b}-\frac{R_{\text{eav}}z(a-R_{\text{eav}})}{b^3} \quad (10\text{-}13)$$

注意到，$a>0$ 并且 $b>0$。这样，可以得到

$$R'_{\text{eff}}(0)=1-Q\left(\frac{a}{b}\right)>0 \quad (10\text{-}14)$$

其中，$0<Q\left(\frac{a}{b}\right)<0.5$。

此外，还可以得到

$$R''_{\text{eff}}(0)=-\frac{2z(0)}{b}<0 \quad (10\text{-}15)$$

其中，$z>0$。

在 $0\leqslant R_{\text{eav}}<a$ 范围内，$R''_{\text{eff}}(R_{\text{eav}})<0$。所以 $R'_{\text{eff}}(R_{\text{eav}})$ 在 $0\leqslant R_{\text{eav}}<a$ 范围内单调递减。接下来，证明 $R'_{\text{eff}}(a)$ 的值是大于 0 还是小于 0。根据式（10-12），可以得到

$$R'_{\text{eff}}(a)=1-Q(0)-\frac{az(a)}{b}=0.5-\frac{a}{b\sqrt{2\pi}}=$$
$$0.5-\frac{\text{lb}(1+\gamma_{\text{E}})}{\sqrt{\frac{1-\frac{1}{(1+\gamma_{\text{E}})^2}}{L}}\text{lbe}\sqrt{2\pi}} \quad (10\text{-}16)$$

易知 $R'_{\text{eff}}(a)$ 随 γ_{E} 的增大而增大，并且随 L 的增大而减小。一般地，当 $\gamma_{\text{E}}=-5$ dB 时，信噪比就相对很小了。注意到，式（10-3）只是 $L\geqslant 100$ channel use 时的近似表达式。通过将 $\gamma_{\text{E}}=-5$ dB 和 $L=100$ channel use 代入式（10-16），可以得到 $R'_{\text{eff}}(a)<0$。所以，对于给定的 L 值，$R'_{\text{eff}}(a)$ 肯定小于 0。

对于较大的信噪比，在$0 \leqslant R_{eav} < a$范围内，$R'_{eff}(R_{eav})$单调递减，同时$R'_{eff}(0) > 0$且$R'_{eff}(a) < 0$。所以一定存在使$R'_{eff}(R_{eav}) = 0$的值R^{*}_{eav}，其中，R^{*}_{eav}表示使有效监听速率R_{eff}最大的监听速率。证毕。

根据推论 10-3，可以证明存在最大的有效监听速率R^{*}_{eff}，它对应于R^{*}_{eav}。然而，无法推导出关于R^{*}_{eav}的闭式表达式，因此通过仿真进行分析，具体参见仿真分析部分。此外，本节还简单研究了监听速率的最优值，表示为$R^{opt}_{eav} = \max\left(R^{*}_{eav}, R_{0}\right)$，其中，$R_{0}$是合法监听器没有进行中继时可疑链路的信道编码速率。这里先简单地解释一下，并且考虑监听速率在$R_{0} \leqslant R_{eav} < a$范围内。首先，考虑$R^{*}_{eav} \geqslant R_{0}$的情况，在这种情况下，合法监听器应该通过发送一个大于 0 的中继功率，促进对可疑链路的监听，从而使可疑链路的有效信道编码速率R_{D}从R_{0}增加到R^{*}_{eav}。此时，可得$R^{opt}_{eav} = R^{*}_{eav}$，对应的最优有效监听速率$R^{opt}_{eff} = R^{*}_{eff}$。然后，考虑$R^{*}_{eav} < R_{0}$的情况，在这种情况下，可得$R^{opt}_{eav} = R_{0}$，表示合法监听器不需要通过中继的方法就能获得最优有效监听速率。

10.4　仿真结果与分析

在仿真分析中，考虑的是准静态瑞利衰落信道。本节分别将信道衰落系数h_{0}、h_{1}和h_{2}设置成均值为 0、方差为 1 的独立循环对称复高斯随机变量。假设传输功率对噪声功率进行归一化，将合法监听器和可疑接收端的噪声功率分别设置为$\sigma_{E}{}^{2} = \sigma_{D}^{2}$=1 dB。由此，如果没有特殊说明，就将可疑发送端的传输功率设置为 P_1=20 dB。假设合法监听器的传输功率 P_2 足够大，能够促进对可疑链路的监听。

R_{E}-C_{E}和R_{D}-C_{D}关系曲线如图 10-3 所示。令合法监听器的传输功率 P_2=2 dB，包长 L 分别为 100 channel use 和 400 channel use，合法监听器的错误概率和可疑接收端的错误概率ε_{E}和ε_{D}分别为10^{-3}和10^{-4}。从图 10-3 可以看出，当$C_{E} \geqslant C_{D}$时，$R_{E} > R_{D}$。同时还可以看到，R_{E}是C_{E}的单调递增函数，R_{D}是C_{D}的单调递增函数。例如，当 L=400 channel use 时，对于$C_{E} = C_{D} = 1.63$ bit/channel use，可以得到$R_{E} - R_{D} = 0.04$ bit/channel use；对于$C_{E} = 2.14$ bit/channel use 和$C_{D} = 2.1$ bit/channel use，可以得到$R_{E} - R_{D} = 0.09$ bit/channel use。所以当$C_{E} \geqslant C_{D}$时，可以得到$R_{E} - R_{D} > 0$。这样，基于短包理论，合法监听器就可以成功监听可疑发送端的信息，并且成功监听的条件和基于香农容量时是一样的。

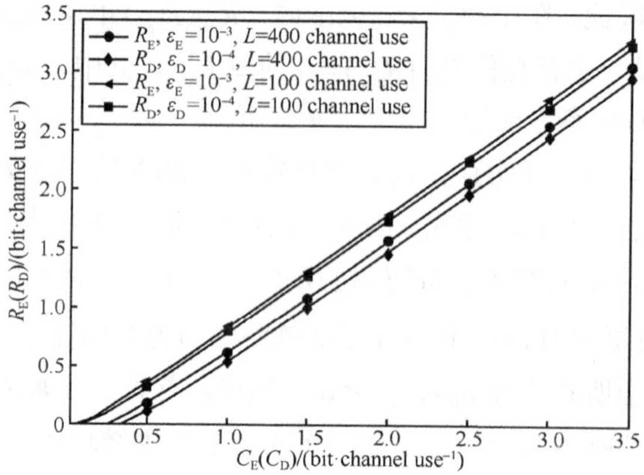

图 10-3　R_E-C_E 和 R_D-C_D 关系曲线

图 10-4 展示了当 $\gamma_E=1.04\gamma_D$、$\gamma_E=1.02\gamma_D$、$\gamma_E=\gamma_D$、$\gamma_E=0.98\gamma_D$ 和 $\gamma_E=0.96\gamma_D$ 时，比值 $\frac{R_E}{R_D}$ 与包长 L 的变化曲线。其中，$\gamma_E=0.98\gamma_D$ 和 $\gamma_E=0.96\gamma_D$ 表示 $C_E<C_D$ 的情况。本节分别将合法监听器的错误概率和可疑接收端的错误概率 ε_E 和 ε_D 设置为 10^{-3} 和 10^{-4}。从图 10-4 可以看出，当 $\gamma_E \geqslant \gamma_D$ 时，$\frac{R_E}{R_D}>1$，并且比值 $\frac{R_E}{R_D}$ 随 L 的增大而减小。同时，与 $\gamma_E=\gamma_D$ 情况对比，当 $\gamma_E=0.98\gamma_D$ 或者 $\gamma_E=0.96\gamma_D$ 时，比值 $\frac{R_E}{R_D}$ 仍然能够等于甚至大于 1。例如，当 $\frac{R_E}{R_D}=1$ 时，最下方两条曲线的包长 L 大约为 1 400 channel use 和 400 channel use。所以，在 $C_E<C_D$ 的情况下，随着包长 L 的减小，合法监听器仍然能够成功监听可疑发送端的信息。

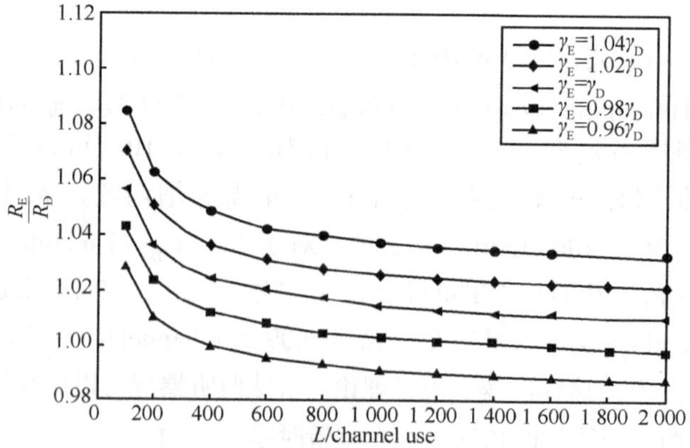

图 10-4　$\frac{R_E}{R_D}$ 与包长 L 的变化曲线

图 10-5 展示了有效监听速率 R_{eff} 与监听速率 R_{eav} 的变化曲线。其中，a 分别为 2.01 bit/channel use 和 3.95 bit/channel use，于是可以得到 γ_E 分别为 4.81 dB 和 11.6 dB，并且可以认为是较大的信噪比。将包长 L 设置为 400 channel use。从图 10-5 可以看出，有效监听速率 R_{eff} 先单调递增然后单调递减，存在一个最大值，即 R_{eff}^*，这个最大值对应的横坐标值即 R_{eav}^*。例如，当 γ_E =11.6 dB 时，R_{eav}^* 的值大约为3.7 bit/channel use。此外，还可以观察到，γ_E =11.6 dB 时比 γ_E =4.81 dB 时的 R_{eff} 大。所以可知，对于某一包长 L，R_{eff} 随着 γ_E 的增大而增大。

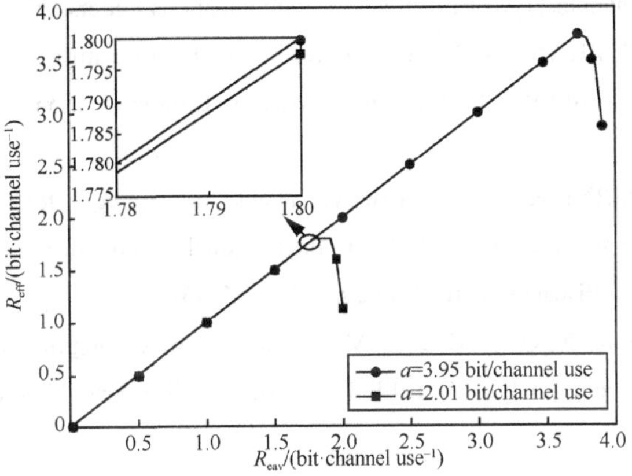

图 10-5　R_{eff} 与 R_{eav} 的变化曲线

图 10-6 展示了最大有效监听速率 R_{eff}^* 与包长 L 的变化曲线。其中，a 分别为 2.01 bit/channel use 和 3.95 bit/channel use。从图 10-6 可以看出，R_{eff}^* 随着 L 的增大而增大。此外，还可以观察到，当包长 L 增大到一个相对较大的数值时，曲线的增长量就会变得很小。例如，当 1 500 channel use<L<2 000 channel use 时，a=3.95 bit/channel use 曲线的增长量几乎为 0。此外，还可以看出，R_{eff}^* 随着 a 的增大而增大。由此可知，R_{eff}^* 随着 γ_E 的增大而增大。

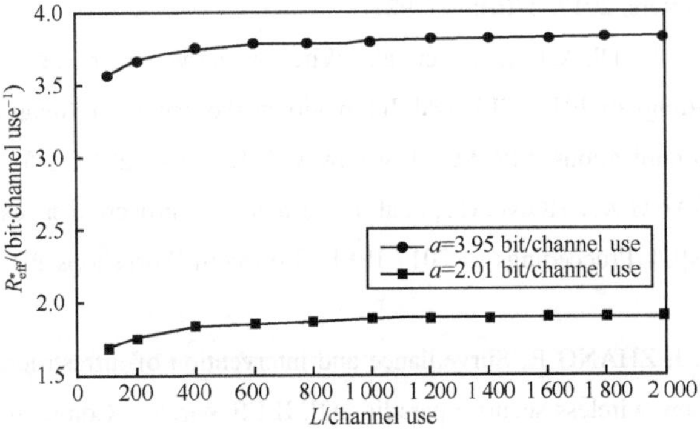

图 10-6　R_{eff}^* 与包长 L 的变化曲线

参考文献

[1] AL-FUQAHA A, GUIZANI M, MOHAMMADI M, et al. Internet of things: a survey on enabling technologies, protocols, and applications[J]. IEEE Communications Surveys & Tutorials, 2015, 17(4): 2347-2376.

[2] XU J, DUAN L J, ZHANG R. Proactive eavesdropping via jamming for rate maximization over Rayleigh fading channels[J]. IEEE Wireless Communications Letters, 2016, 5(1): 80-83.

[3] XU J, DUAN L J, ZHANG R. Proactive eavesdropping via cognitive jamming in fading channels[C]//Proceedings of IEEE Transactions on Wireless Communications. Piscataway: IEEE Press, 2016: 2790-2806.

[4] TRAN H, ZEPERNICK H J. Proactive attack: a strategy for legitimate eavesdropping[C]//Proceedings of 2016 IEEE Sixth International Conference on Communications and Electronics (ICCE). Piscataway: IEEE Press, 2016: 457-461.

[5] ZHONG C J, JIANG X, QU F Z, et al. Multi-antenna wireless legitimate surveillance systems: design and performance analysis[J]. IEEE Transactions on Wireless Communications, 2017, 16(7): 4585-4599.

[6] XU J, DUAN L J, ZHANG R. Transmit optimization for symbol-level spoofing[J]. IEEE Transactions on Wireless Communications, 2018, 17(1): 41-55.

[7] LI B G, YAO Y B, CHEN H, et al. Wireless information surveillance and intervention over multiple suspicious links[J]. IEEE Signal Processing Letters, 2018, 25(8): 1131-1135.

[8] LI B G, YAO Y B, ZHANG H J, et al. Energy efficiency of proactive cooperative eavesdropping over multiple suspicious communication links[J]. IEEE Transactions on Vehicular Technology, 2019, 68(1): 420-430.

[9] JIANG X, LIN H, ZHONG C J, et al. Proactive eavesdropping in relaying systems[J]. IEEE Signal Processing Letters, 2017, 24(6): 917-921.

[10] MA G G, XU J, DUAN L J, et al. Wireless surveillance of two-hop communications[C]//Proceedings of 2017 IEEE 18th International Workshop on Signal Processing Advances in Wireless Communications (SPAWC). Piscataway: IEEE Press, 2017: 1-5.

[11] ZHANG Y X, JIANG X, ZHONG C J, et al. Performance of proactive eavesdropping in dual-hop relaying systems[C]//Proceedings of 2017 IEEE Globecom Workshops Piscataway: IEEE Press, 2017: 1-6.

[12] XU J, DUAN L J, ZHANG R. Surveillance and intervention of infrastructure-free mobile communications: a new wireless security paradigm[J]. IEEE Wireless Communications, 2017, 24(4): 152-159.

[13] YANG W, DURISI G, KOCH T, et al. Quasi-static multiple-antenna fading channels at finite block length[J]. IEEE Transactions on Information Theory, 2014, 60(7): 4232-4265.

[14] DURISI G, KOCH T, ÖSTMAN J, et al. Short-packet communications over multiple-antenna Rayleigh-fading channels[J]. IEEE Transactions on Communications, 2016, 64(2): 618-629.

[15] DU F, HU Y, QIU L, et al. Finite block length performance of multi-hop relaying networks[C]// International Symposium on Wireless Communication Systems. Piscataway: IEEE Press, 2016: 466-470.